# 守时回光

## 油麻菜 寻访南山隐士

黄剑 著

华中科技大学出版社
http://press.hust.edu.cn
中国·武汉

2019年是我寻访记录中医第十个年头。
这十年时光,
沉甸甸在手,
暖乎乎在心。
是时候做一次回顾整理了。

这故事,
就从终南山开始吧……

油麻菜公众号　　油麻菜视频号

# 序·一

> 把自己的心神放在自己的腔子里，让它去温暖自己、照顾自己。

我是怎么认识师父张至顺老道长的？当年我跟梁冬对话《黄帝内经》，做最后一期节目《灵枢·天年》的时候，梁冬开车来接我，路上又接一个人，上车以后这个人自称：我是电视台的记者，我叫黄剑。然后我们录音的时候他一直咔咔地照相。

后来看黄剑拍出来的各种照片，就发现这个人摄影技术非常好。同样的画面，取景、景深、色彩、光线、构图、取舍，这里面有很多学问。黄剑拍的照片非常传神，我这人非常敬佩各个行业的高手，如果你是个扫马路的，把马路扫得好，我也敬佩你。这一来二去，我们就变成了好朋友。这是 2009 年底到 2010 年初的事情。

后来黄剑说他特别喜欢中医，他利用自己的身份拍纪录片，采访了很多中医，其中有很多民间中医，他就对我讲这些人的故事。有一次他特别兴奋地告诉我，说他在海南文昌的玉蟾宫采访了一位百岁老道长。玉蟾是白玉蟾，是道教南派一个著名的祖师爷。我就动心了，说要去拜访一下，这大概是2011年3月的事。在海南玉蟾宫见到了老道长，当时海南还比较阴冷，我穿了件羽绒服，老道长就穿比单衫厚一点的衣服。老道长非常和善，就像一个六七十岁的老头，耳不聋、眼不花，牙齿还都在，跟大家聊天，眼神非常慈祥、和善。

我给老道长带了我当时写的一些书，有《字里藏医》《透过梦境看健康》，还有一本《黄帝内经四季养生法》，就是我在中国气象频道讲二十四节气养生的书。

老道长说他不认字。不认字，但是他识字。

第二天见面时，老道长说我一晚上把你的书读完了。我心说您不认字，怎么会读我的书呢？老道长就在他的卧室边上的厅里，搭上黑板让我讲对每个字的理解。比如说学字繁体字——學，上头就有一个爻，六爻的爻，他解释为什么。

我受老道长启发特别大，老先生不认字，但老先生识字，更可贵的是明理，他有修行的人自身带着的气场。

自称没读过书不认字的老道长后来编撰了一部非常宝贵的著作，叫《炁体源流》，都是他多年修行、悟道有关的典籍，把他的一些理念做了传承。我个人感觉是老道长的身体力行，因为他有绰号叫"草上飞"，一百多岁的他爬起山走起路来，看着不快，但别人走着走着就跟不上了。

我深有感触，就跟黄剑商量，说能不能多做点事儿，让更多的人知道老道长，让更多学习中医的人从老道长身上去领悟一些东西。后来，黄剑和伙伴们一起在海南玉蟾宫组织了两场道医会，我是积极的支持者和参与者。老道长把他五十多年前学到的用药的经验无私地传授给我们，这是种真修行，大隐不光隐于山，还在入世，度化在红尘中奔波的人们。

从跟老道长接触，到后来跪下磕头，拜他为师，我其实是得到了一种精神的滋养和传承。每当碰到困难的时候我总是会想起老道长对我的教诲，或是老道长看着我时，那种慈祥的目光。同样慈祥、饱含父爱的目光，我从龙致贤校长眼里，周稔丰老师眼里，都领略过。我感觉碰到了真正修行的人，就是身心合一、言行一致的人。

老道长修行到了很高的境界，所以他说真话有真性情。我们常认为道家修行到最后就变得表情寡淡，好像没有了喜怒哀乐，其实真不是。老道长唱起《苏武牧羊》就流泪，唱起一些歌曲想起他的母亲也在流泪，我觉得一百多岁的人，能有这种真性情，甚至是一种童稚的性情，真是难能可贵。

他是一位超越了我们思维维度的人，从唯心的角度上给我们这些唯物主义者上一课，把自己的心神放在自己的腔子里，让它去温暖自己、照顾自己，祛除疾病。除了八部金刚、长寿功以外，老道长传授给我们更多的是精神方面的感召和感动。

徐文兵

2023 年 5 月
于 北京厚朴中医

## 序·二

太虚寥廓，无边无极。
一念初萌，肇生两仪。
人我悠别，繁纷万类。
立名逐相，卑困有期。
昔有天师，怜悯吾人。
取法自然，回光还虚。
常清常静，天地悉归。
无名无为，浑然自辉。
毋作毋修，德全乃升。
藏之山野，传之万世。
非人勿授，其法幽微。
常念吾师，潜心隐行。
终南默默，太白惺惺。
感通上界，照海极泉。
积功累德，宝命全形。
幸甚至哉，得遇吾师。
耳提面令，拯我孱躯。
星月泉林，续我慧命。
祈愿所有，得识此意。
天意浩大，默照有情。

李辛

2023 年 5 月 13 日
于青城山

# 序·三

> 什么都没有，就是简单随意地坐在那里，安安然然、平平常常。

2009年，我认识了油麻菜。这哥们在电视台做纪录片，刚参加十个月的沃尔沃环球航行，跑了十几个国家回来。他告诉我他的父亲刚刚因病去世，他很想知道人若是生病，到底应该找谁求医。恰好听了我的《中医太美》节目，他觉得我可能有答案。

大多数人在家里人忽然查出绝症的时候，会很慌乱，四处求医，这哥们在父亲离开了还想了解中医，有点不一样。那天我说了一句：以后我们可以一起做一点事。

油麻菜记录中医，就是从拍摄我和徐文兵的《中医太美》节目的录音间开始的，那是2009年12月1日，我们录制《黄帝内经》"天年"那一章节。不巧的是，那期节目之后，《中医太美》就在中央人民广播电台停播了。

后来《中医太美》节目改在海南卫视以视频节目播出，我又热情邀请油麻菜一起做了几期对话，那时候他已经记录了一年中医。神奇的是，他一出现，我的节目又停播了。

油麻菜身上确实有一种奇怪的气场。他一边采访中医，一边热衷于把中医聚在一起，相互交流切磋。尤其是他在海南寻访到100岁的全真龙门21代张至顺老道长之后，开始在玉蟾宫组织中医道医相互学习的道医会。然后他拉着我、徐文兵、李辛等等一群人，一起成了老道长的弟子，帮助师父传播道家文化和八部金刚功道家养生功法。

我心里很羡慕油麻菜的，他怎么能活得这么自由自在。有一阵子我忍不住和他一起列了一张表，说以后每个月去寻访记录一位中医或者道医，这样我也能跟他一样满天飞，见喜欢的人做喜欢的事。我的"行动计划"很快被我老婆发现，那时候我们家儿子马上就要出生，她腆着大肚子从口袋取出一张那天要去菜市场采购的清单，举在手里，让我拿着我的"行动计划"，请油麻菜给我们合影，彻底打消了我的念头。

随后的几年，一有机会，我就会跟师父张至顺道长在海南玉蟾宫、西安八仙庵、北京白云观、广州纯阳观、浙江杭州……相聚。和百岁高龄依旧健步如飞的师父在一起，感觉时间都慢下来，生命可以自由穿越了。

偶尔师父也会喊我去见他。2012年春节，他突然让我去道观找他。我早早就到了，之后，他安排我睡下，第二天早上起来说："吃饭吃饭。"我就跟他一起吃，也没说话。他说："睡觉睡觉。"我就睡一个午觉。到下午四五点钟的时候，我悄悄到师父的门口，发现他正坐在阳光下一条木凳上打坐。他打坐的时候，没有什么双盘，什么都没有，就是简单随意地坐在那里，安安然然、平平常常。我观察了足足半小时，感觉他就像定在那里一样。油麻菜2011年拍过一张师父在星空下打坐的照片，长时间曝光，星星已经走了一大段路，在天上划出长长的轨迹，而师父就像树一样安静。你会觉得那一刻时间就像停止一样。我看着他，泪如雨下。

其实他一直知道我在的，过了一会儿，他喊我到他身边坐下，跟我讲炁体源流，讲人的元神是在什么地方，气从哪里进哪里出，呼吸和观想的方法是什么……对于我个人具体而言，在什么时间点，做这个功课是最合适的。关于后面这个，他对每个学生讲的都不一样。当时我大概每听三句话就给他磕个头，他说"起来起来"，就把我拉起来又跟我说。又说几句，我又磕头，那一次大概磕了七八十个头。

师父每次看见我就说："你挣钱永远没有止境，别再往前去了，赶紧吧……"我问师父："赶紧什么？"他说："你知道的。"

在弟子们的帮助下，师父出版了《炁体源流》《八部金刚功 八部长寿功》《米晶子济世良方》等书，他多次感叹，要是没有油麻菜和梁冬，这世界上就没有几个人知道他，而他传道的使命也无法完成。

师父不知道，要是没有他，我很可能永远都不知道。

梁太安

2023 年 6 月 10 日
于 北京喜舍

# 序·四

> 黄剑是我认识非禅门中
> 最像禅师
> 也是非武林中
> 最像侠客的人

2012年9月,一个多云略显凉爽的日子,经夫人介绍,我们在厦门第一次相遇。夫人是黄剑的读者,那时黄剑来采访一个帆船赛,而我刚离开待了两年的武当山。这是一次在当时看来颇为平常的聚会,未想将来却极大程度上改变了我人生的轨迹。我平日是一个不太回忆过去的人,此次受邀写序,回头看了看过往同他一起翻越的旅程,对照如今彼此的成长与变化,确实颇有"如梦如烟,枝上花开又十年"的感慨。

对黄剑采访记录中医内容的关注,是认识他一段时日才开始的。可能原是专业影像记者的缘故,黄剑的文字本身便很有画面感,再加上画龙点睛般的瞬间捕捉照片,常令阅者如同亲伴身侧。走入深藏在华夏大地里的中医江湖，掀开平日略显神秘的高手们的面纱，每一位都是那么鲜活生动。

在他多年不曾间断的写作中，记录着张至顺老道长的南山隐修人系列，应当是最为特殊的部分。个人因缘不足，我未能在老道长仙逝前当面受教，但由于皆师承于武当，身旁多位朋友又都是老道长弟子，天然地对老道长有种亲切与敬意。加之黄剑图文并茂的描述，仿佛自己也曾随老道长临南山之巅，舞动身影游龙八卦；处苍穹星幕，安坐跏趺静守无极。

这些记录里，有两处令我印象特别深。一是黄剑深夜准备向老道长拜师的有趣描述，还有一段是李辛医师成为弟子后，在与师父的对话中被师父谆谆教诲的过程。他们两位皆是我好友，我长留大陆教学皆因他们的促成，因此读来特别有带入感。而诸多老道长对弟子们言传身教的内容，也总会勾出三十余年前初遇先师祖光禅师的画面，以及十余年前随钟云龙道长习练太极的场景。

老道长生前极力传播八部金刚功。基于我一直从事禅修与太极分享，深知对现代人来说，学习新东西并不难，难在对所学的坚持。此功法融入了诸多道家心法与太极原理，关键是化繁为简，以简驭繁，易学的同时也容易坚持。

此书以老道长所言"守时回光"为名，其中深意恐非三言两语所能言清。

不过若略以"抱元守一"暂解，亦可知老道长对习者"形神统一""活在眼前"的提醒。

禅宗形容将体证交付予后继者的过程为传灯，记载着修行人事迹的史料为灯录。或许多年之后，此书终将淹没于浩瀚的出版丛林之内，但若有一人偶遇于角落，当他翻开扉页那一刻，曾在南山流传的灯火，又将重新于苍穹下点燃……

杨硕诚

2023 年 5 月 20 日<br>于 尚湖畔

## 目录

### 回家 / 1

回家的路 / 3
采药人 / 14
山雨常清静 / 21
五月飞雪 / 28
小慧 / 39
贴墙走的大老鼠 / 47
炁体源流 / 52
锅盔老白面 / 60
坐看云起时 / 70

### 知遇 / 79

海南有约 / 80
守时回光 / 90
浩然之气 / 95
找到好师父 / 98
老道医 / 105
八卦顶 / 110
拜师 / 118
字里藏道 / 128
夜需一寸土 / 134
半个好人 / 140
我是米晶子 / 144
苏武牧羊 / 150

### 心愿 / 155

速速回山 / 156
藏风聚气 / 164
今夜星光灿烂 / 176
七枝灵 / 184
常清静 / 190
字字千金 / 202
南山隐修人 / 207

### 守望 / 209

金銮山寻祖 / 210
太子坡 / 216
北京 北京 / 218
呼吸之间 / 224
楼观台 / 228
白云归来 / 232

每年夏至，无论身在何处，张至顺道长都要像候鸟一样回到终南山。在海南玉蟾宫，我跟老人家约好，等他进山的时候一定要带上我，我实在太想安安静静、真真切切地感受道家的隐士生活了。

# 回家的路

数千年来，中国历史上无数伟大的先贤，都曾经从终南山走过，老子、陈抟老祖、鬼谷子、王重阳、三藏法师（玄奘法师）、姜子牙、孙思邈、张良、陶渊明、王维……这里是中国隐逸文化的中心舞台。

终南山又叫太乙山。云横秦岭，紧挨着古都西安。对于道家而言，终南山不仅是道教全真派发祥圣地，更是通往昆仑山西王母瑶池的朝圣之路，神奇而伟大。

老道长常去的八卦顶，位于宝鸡天王镇的大山中，非常隐秘。车子经过许多沟、许多河，再行到坑坑洼洼的路尽头，有一个小村庄。从这里开始，就是崎岖的山路了。

2011年5月19日，老道长拎着自己做的塑料背包，准备进山。他的行李很少，几本经书，两件换洗的内衣，一张身份证，还有一根自制的鸡翅木登山拐棍。

上午10点左右，我们一行人开始进山，老道长在前带路。老先生走路不疾不徐，静默不语。五十年前，他在山里种药材，为了寻找一个风水好的隐居地，跑遍这一带山头沟口。这次进山，除了老道长的三位道家弟子外，我又邀请了三位同伴：李辛医生和光明丫两口子，还有一位屠兄。李辛兄这些年为了治病救人，日夜操劳，身体也大不如从前，正打算休养生息两三年。听说我正在追随老道长，立马放下手头工作，随行而来。

行程还没过半，登山队伍渐渐拉长，身强体壮的屠兄背着专业户外装备，慢慢消失在我们身后的密林里。进山前，他拍着胸脯说自己是个玩户外的好手，多次带领队伍登顶秦岭太白山。这位"户外专家"在自己巨大的背囊里装满各种高级户外用品：帐篷、睡袋、底垫、液化气炉、头灯……没想到在秦岭大山里，没多久就发现自己走不过一位一百岁的老人。

看着屠兄浑身大汗、精疲力竭的狼狈样，老道长充满同情地摇摇头："你背得太多了……"

通往八卦顶的山路，是老道长这些年顺着山脊山沟一点点开出来的，后来采药人也改走这里，才慢慢走成路。我们在一块大石头上给土地爷磕过头之后，来到一片开阔地。我在小慧师兄的相机里曾经看见过这个场景，传说中的八卦顶离我们已经很近了。

五十年前老道长曾在这一带帮药厂看仓库。这里地势平缓，朝阳，四周群山环绕，旁边有溪水流过，他就动心起意，搭盖了一个茅草屋。后来上山采药的人来来往往，他就迁到离这不远的另一处高地。原来的这片地就被用来种草

回 家

药了。

此时蒲公英盛开，松柏青翠。顺着林间小溪穿过一片长满蕨菜的密林，走过曾经住着野鹿的石洞口，在鸟的鸣啭声中一片蓝色的屋顶现了出来，到家了。

家门还没打开，小慧师兄轻放下一个编织袋。"赶紧请草上飞出关。"一只精神抖擞的猫咪从袋子里探出头来，原来它就是"草上飞"。"山里老鼠很多，一直偷吃我们的粮食和蔬菜，只好请这只猫来帮忙。最多的一天它抓过七只老鼠！"去年下山的时候，小慧师兄把它寄养在老乡家，现在已经有身孕了，"很快我们就有一窝猫啦。"

日之夕矣，炊烟升起。深山里只有一座木屋和一座土屋，土屋已经半垮，木屋屋顶的蓝色彩钢板是张道长的东北弟子刚换上不久的，去年冬天差点又被北风刮跑。

这座木屋就是被张道长称作八景宫的庙。庙有四间房，一间神殿、两间卧室和一间厨房。一进门，老道长先给老君爷点上三支香，再给灶君爷上三支香，"老君爷灶君爷，弟子回来了。"最后三支香供在老君爷右手边一座小木屋造型的神龛上。老道长掀开上面的小布帘，看到里面一张古旧的黑白女人相片时，哽咽了："娘啊，儿回来了。"

小时候，张至顺家里变卖家产，保全了三叔的性命，可这也使原本小康的家境从此没落，张至顺从此以乞讨为生。

回 家

16岁那年，张至顺到一所小学帮工做饭。一天晚上，他听见有人在敲后窗，一看是弟弟来了。弟弟说家里三天没揭开锅，能不能给点吃的？张至顺赶紧给弟弟两个馍馍，顺便又拿了一包面塞在弟弟怀里。

不料，随后他们回家看老母时，遇见了村里的保长。偷粮的秘密被发现，张家兄弟跪在保长面前哭诉家里实在是断粮了。保长看起来一脸同情，说："这样也不是办法啊，我帮你们想一个长久之计。"

没多久，保长通知张至顺去参军，说是可以换来十三担米和十块银元。"因为做了错事，我只好同意了。可是最后我家只得到一担半的米和两块银元，其余的全被保长拿了。"那是太久太久以前的事了，老道长说起来已经没有愤怒。

当了几个月兵的张至顺找到一次机会逃跑，躲进了一家道观，在终南山出家。道观里的生活也很辛苦，他每天为师父师兄弟、道友和香客们做八九顿饭，累得在厨房里晕倒过好几次。

他又逃跑了，这回跑进深山里。可是，躲在山里的张至顺没吃没穿，最后不得不再次回到道观，继续厨房生活。

这时候他的师父慢慢开始传他一些道家功夫，还把他送到自己师兄那里学道。一无所有的张至顺开始精进，功夫一日千里，道家修行的四个台阶他顺利过了三个，开始最后冲关。

就在这时候他接到妹妹的消息，说有人要强行娶她，求他速速回家救她。

"我去参军的时候,妹妹追了四十里的路,就为了把一件大衣交到我手上。"张道长说妹妹拉着他的手,求他以后一定要把她带走。

"我答应过她的。"于是张至顺毅然离开道观,踏上回家探望母亲和妹妹的路。

"没想到这一回家,我的修行就耽搁了六十年啊!"张道长捋捋自己一把白须,一声叹息,"出家人不该有牵挂的。"

# 采药人

黄昏时刻，老道长的小屋附近，陆陆续续来了十多个男男女女，各自背着一堆药材，年龄大约在四五十岁，他们都是山下路尽头那个村庄的村民。小慧师兄说，这一带山里除了附近山谷里还有一位隐士僧人外，再没有别的人家了。

每年外出期间，老道长会把房子的钥匙留给村民，让他们使用自己木屋里的被褥、食物、柴木……几乎所有的一切。

"这些百姓生活太不容易了，能提供点方便就提供一点吧。"

农历五月正是出石菖蒲的季节，采药人说再过几天它们叶子落了就再也看不见、采不到啦。石菖蒲是天南星科多年生常绿草本，根茎入药，主要生长在山涧浅水石上或是溪流旁的岩石缝中，终南山有很多。

据《本草纲目》记载：石菖蒲"一寸九节者良"。药农说它每一年只长一节。更有诗人写诗"根盘龙骨瘦，叶耸虎须长"来描绘它的形象。陆游诗《菖蒲》云："古涧生菖蒲，根瘦节蹙密；仙人教我服，刀匕蠲百疾。阳狂华阴市，颜朱发如漆。岁久功当成，

回 家

寿与天地毕。"意思是服用石菖蒲的根茎可红颜黑发、耳聪目明、益智宽胸、祛湿解毒。

我问老道长，石菖蒲这么好，山里这么多，平时您吃这些东西吗？站在旁边的小慧师兄插嘴了："上次有人送了一根野山参给他，他喝了一口就给吐了。"在老道长看来，一个人好好吃饭好好睡觉，安安然然就好了。

采药归来的山民，砍柴、煮饭、晒药，个个身手敏捷，脸上笑容灿烂，让人羡慕。可是小慧师兄撇撇嘴，你不知道这些采药人辛苦采药挣到的钱，最后都送进县医院买药输液去了。

李辛医生却说："我们中医把这些辛勤劳作生活贫困的人称作'藜藿之民'，他们的身体总是在劳作运动，因此没什么病，即使有病也易治。大部分城里人我们称他们是'膏粱子弟'，心神消耗得太厉害，体质娇嫩易得病，而且七情病居多，很难治。"他说这些山民常见病无非是风湿、胃病和一些妇科病⋯⋯等我们回去后，他会寄一些药粉到小慧师兄手上，请她分发给需要的人。

老道长当年也采药，宝鸡城药铺里的四百多种药，他只有几样没采过。听得这些采药人都惭愧了，说自己只认识石菖蒲、猪苓、芍药、黄精、天麻等十来种中草药。

小慧说早年和师父住在山里，采药的人很少，一年只有春夏两季偶尔出现，那时候石菖蒲一斤卖七八块钱。现在药价倍增，去年（2010年）石菖蒲一斤可以卖四十块,今年(2011年)都卖到五十块了,采药人的数量也就跟价格一样成倍地增加。

见我们老是用好奇的眼光直直看着他们,正准备吃饭的采药人都不好意思起来,索性把自己的饭碗端到李辛面前,"饿了你们开口说话,在山里跑的都是一家人!"

山中阴晴多变,天气消息主要来自新进山的采药人和小慧师兄的一台破收音机。天快黑的时候,小慧师兄把房子前的桌椅全收进屋内,她嘟噜一句:"我们每次回到山里,半夜一定下雨。"

猫咪"草上飞"在房前屋后的山林溪涧边巡查了半天,在重新了解半年来八卦顶老家的变化后,天黑时也回来了。它就快要下崽,小慧师兄说明天要帮它造一个够好几只小猫咪住的窝。

半夜真的雨来了,气温骤然降低。估计躲在帐篷的人和我一样都在睡袋里蜷成一团了吧。

清晨5点,采药的山民就起床了。他们分工明确,砍柴、烧水、做饭,说说笑笑,总是让人羡慕的开心模样。

天气预报说还会下两天的雨,采药人中有很大一部分人便准备趁着雨小往山下走。这时下山的路一定很湿滑,不过对这些山民来说应该不是什么问题。小慧师兄说这些采药的人很快会走光的,因为待在屋里没电视看他们会受不了。

## 山雨常清静

时间停下来了。

山里没有手机信号，没有电脑、电视，没有机动车，我们排成一排站在屋檐下，看着云来雾往，细数阶前的雨滴响，任思绪随风飘荡。

山里的一草一木一石，都是心血所聚，来之不易。操场边一块打坐用的大石头，几位村民怎么也搬不动，还是师父想了一招，用一排木棍放在石头下滚动着推过来的。

"师父可聪明了"，小慧说起这话脸上都很有光彩，"他的中国象棋下得好，很少人下得过他。"山里有棋没有？我立马激动起来。要是有机会输给百岁的老人，多光荣啊！

"谁还下那玩意。"在一边似睡非睡的老道长皱皱眉头，"现在没那功夫啦。"

下雨天，最好的闲聊时间，大家围坐在老道长身边，像是享受一团炉火的温暖。

"我没有朋友，是个孤独人，修道的人不需要朋友，但是我有道友。"老道长平静地说："当今社会有吃有喝有权有势的人朋友多得很，等有困难了，那再看看有没有朋友？老话说'穷在闹市无人问，富在深山有远亲'，酒肉的朋友，米面的夫妻，这些都是实在话。"

认识老道长半年来，我还从来没有听他说过什么夸奖人的话，"师父，您怎么都不夸奖后辈几句呢？"我问。

"我是个直人，不喜欢说好听话，那些说好听话的多半是有目的的，一个人要是连续跟你说了三遍好话，你就要小心了。这几十年我在外落了一个什么话——张道好骗。其实我知道三个多两个少，下了雪我也知道快点往回跑，我不是个傻子。不过是能不计较我就不计较，有些人我知道你是在骗我，但是我答应你了我也做到，你可以骗我一回两回，不过第三回我们就不往来了。"

"现在隐士比以前历朝历代都多，鱼龙混杂，人心乱了，有时候给你们明说了你们也不注意。很多来到我门下的，就是有些好奇。过去人们为了求学在外面一访几十年，现在你们才爬了个'八卦顶'的坡都不容易，你说得道容易吗？有谁可以一点功夫不下，一点苦力不吃？"

"《清静经》说'人能常清静，天地悉皆归'，人只要能安安静静坐在那，天地的能量才能够回来。打坐干什么？一身的杂物，你心里乱糟糟的，堆积的东西跟这个屋子一样满满的，你身上的主人被这些东西压得都没去处，消耗得力量都没有了，哪里还有什么打坐的力量？这不是笑话吗？人要吃五谷养身体，

这张是小慧师兄珍藏的当年房子刚盖好不久的照片。房前几十平方米的操场,是师徒俩花了整整西个月平整出来的。不远处十余株松、柏树,都是师父和她从山里移植过来的,他们还曾经种过两株果子树,可惜没活下来。

回　家

精神也要吃东西。吃的东西是什么？'食其时，百骸理；动其机，万化安。'"

望着门外纷纷扬扬落个不停的雨，老道长又想起为了救妹妹离开道观赶回家的那段伤心往事。

"我一路要饭往回赶，有一天人家给了我一碗猫吃剩下的饭，加上一点面汤。我用棍子一挑碗里的东西，黏嗒嗒老长。我是学医的，明知道吃了一定生病中毒，可是当时年轻执着，于是一咬牙把猫饭喝了下去，结果一小时后肚子疼得不行，跑啊跑，终于跑到一家道观，敲开门就昏过去了，这一昏就是47天。"

等他终于赶到老家，妹妹已经被迫嫁出十天，"这都是定数啊！"

回　家

守时回光

回　家

# 五月飞雪

下了一天的雨，气温越来越低，我们的衣服都由短袖、T恤改成抓绒毛衣之类的秋冬装。留在山上的采药人，不是躲在火炉边打牌，就是猫在被窝里打盹。一向为大家辛苦服务做饭的小慧师兄和关道长都冻得在被窝里高喊："今天大家辟谷啦，没饭吃。"

天黑前，老道长要求李辛夫妇、屠兄和我离开帐篷，住进一座半塌土屋储物阁楼，睡在板车车轮和一人高的大木锯以及许多房屋废料中间。他也不说原因，但是态度很坚定。我们不敢违背老道长的命令，乖乖躲进阁楼。阁楼真小，又挤，还很脏，打个喷嚏，灰尘满天飞。

凌晨睡前，我们谈的最后一个话题是："时代不同了，老先生不知道咱们帐篷有多防水、干燥垫有多抗寒、睡袋有多保暖，明天一定让他进帐篷参观一下，感受现代科技的魅力。"

午夜，暴雨如注。屋顶开始漏水。大家又都跳出睡袋戴上头灯，一顿忙乎，终于用了一个尿桶、两张塑料布，以及从三个采药人厨房偷来的粗瓷大碗才控制住了局面。

一早，被采药人咿呀的开门声和激烈的说话声吵醒，他们正在讨论灶台的三个大碗哪去了。我们躲在被窝里笑个不停。当我第一个穿戴完毕下阁楼推开门准备出去还碗时，被门外的景象彻底惊呆了！

下雪啦！五月飞雪！世界一片白茫茫。接过大碗的采药人说这是开春后的第三场雪。作为中国南北分界的秦岭，果真气候不凡。

终于知道"草上飞"为什么昨天天黑就回家了，终于知道老道长为什么催促我们进屋睡觉不要待在帐篷里。老道长对天气的感受、自然的变化简直和"草上飞"一样敏感，他们也许不知道将会发生什么，但是知道气候的变化。

进山之前，我认真地跟小慧师兄咨询过终南山这个季节的气候，她说少有降水比较干燥，所以我只带了舒适透气面料的登山鞋，眼下只好站在屋檐下。而那几位什么行李都背上山的户外专家们这下开心了，在雪地里撒着欢取笑我，还像孩子一样打起了雪仗。

房前三顶帐篷被十几厘米厚的大雪压得像三只大蛤蟆似的趴在地上，可以想象如果昨晚住在里面，先是暴雨再是大雪，会有多狼狈！

原本计划送张道长上山之后就回西安的王道长，这下心安理得地留下。能和张爷这样的老修行多处几天，是出家人可遇不可求的良机。昨晚老道长担心王道长太冷，还让他和自己挤一张床。

山雾又起来了。早就听老道长说过八卦顶住处是云窝，每天早晚云都"呼呼"

地在屋前屋后来去，这两天见了果真如此。这样清清静静、安安然然，每天坐看云起云落，跟着时光走，是多么惬意的事。这样的日子，活一百岁不难吧？

一夜之间满目苍翠的终南山摇身一变，恍惚进入了另一个世界。传说中数千年来在终南山归隐的"老神仙们"，会在下一阵云雾散开的时候飘然出现在我的面前吗？我把揣在怀里的摄像机抱得更紧了。

我国历史上有无数高僧大德及士大夫都曾做过"终南山隐士"，当年函谷关西去的老子在楼观台留下《道德经》，西周姜子牙，东晋陶渊明，唐代药王孙思邈、诗人王维以及王重阳，近代虚云大和尚等等，千百年来，历代祖师大德，在这片北抵黄河、南依长江、西遥昆仑、东指大海的终南山里留下自己的传奇身影，也留下了神秘的中国隐士文化。

望着纷纷扬扬的春雪，我跟老道长说等中医节目拍摄暂告一段落后，我要自东向西走遍终南山，好好地寻访这片中国人的精神家园。老道长笑道："这条路我们访道的人都要走的。"

有位采药的老太太腿脚不好，雪后山路湿滑，不能下山，眼看她带的粮食不够，他们家的老汉一大早就背着面粉赶进山来。"老爷子高寿啊？"他三个指头一撮："七十二啦！"吃点东西后，刚上山来的老汉马上下山，要在天黑前回到家。七十二岁的人，一天来回十个小时跑山路，这不就是神仙一样的人吗？

山上的茅厕距老道长的木屋六十八步，在一片土豆菜地旁的阔叶林边。这

新近拜师追随老道长的关道长来自河南,出家十几年,辈分上要称老道长"师太"。她身着的蓝色道服在风雪中看上去好有感觉,像从前一样。

回 家

是去年两位师兄用了三天建成的。想象一下吧,穿过飞舞的雪花,推开挂满冰凌的绿叶,在鸟的唧啾鸣啭声中,有六根木棍自由组合三种如厕姿势,拉筋生产两不误!据世界厕所组织统计,人的一生使用厕所的时间大概是三年。在这说长不长说短不短的三年里,八卦顶的雪中森林茅厕是一生难求的绝佳如厕地。

鉴于八卦顶茅厕交通过于"便利",李辛在此使用手册里增补了一条:如厕,以咳嗽为号。

雪停了,又一批采药人顶着塑料布背着药材,乐呵呵地下山去了。看来这天气一两天难转好。千百年来这些善良淳朴的山民,始终是终南山隐士文化的守护者。

回　家

# 小慧

这几十年来,在张至顺老道长跟前磕头拜师的人不可胜数。但是能像小慧师兄一样无论甘苦任劳任怨,如影随形长期陪伴的,也就只有她一个人。小慧是湖南张家界一带人,这个"没用的土家女娃"打小被姥姥送出门三次,结果糊里糊涂又都逃回去。十四岁的时候她遇见了张道长,才算找到自己真正的家。那时候张道长正好在张家界办了一所道家学堂。学堂有二十多位学生,大家边读经典,边习武,边劳作。

"还不是因为修行太苦了,所以他们都还俗了。"说这话的时候小慧脸上还是笑。不过在她眼里,更"苦"的人是我这样子"一天到晚东奔西走的,累不累啊!"

因为跟着师父,小慧师兄始终保留着一颗纯粹的心,看她开心地笑、痛快地哭,就像看天气变化没有一点矫情。小慧也喜欢新鲜事物,懂得用手机上社交软件,时不时地和师兄们在网上说两句,给自己的签名要么是"快乐每一天",要么是"终南山鸟语花香人间仙境",或者"这次学习收获很大",都是实在话。

即便采药的山民把她的脸盆当作脚盆来用，小慧师兄也是一副喜滋滋、乐呵呵的模样。李辛医生说，小慧师兄身体是通畅的，因为通畅，所以快乐。

有天老道长坐在台阶上聊得开心，无意间透露小慧在几年前被家人骗回湖南，待了三十天，其实是给她介绍对象，相亲去啦！我们拿这事和小慧说笑，把她羞得不行。

顺着这个话题，我壮起小胆、厚着脸皮凑近老道长，问了一个惊天秘密："师父，您修行了几十年，有没有对女人动心过啊？"

老爷子胡子一抖，不假思索，用浓重的家乡话答道："那有时候也动心！我也是父母养的，没等生我们心里就种了男女的感情。不过咱们有个正规思想（修行），所以这些念头很快就过去了。你要真动心了就正大光明还俗结婚去，不要偷偷摸摸、鬼鬼祟祟。"

他说在西安，曾经有个女子喜欢他，那女子家里还有洋车，可有钱了，想买个房子跟他结婚，还要把城里的五亩地送给他建庙。

"我没答应。临走时她把身上披的毛呢大衣给我，我不要。她急了，说人家出家人都在向我要东西，我给你你干吗不要？我说我一个出家人要饭的披着一个毛呢大衣多奇怪啊？"老道长拍拍脑门还想起来，那女子住在西安解放路口东边路南第三家。

我们在山上待了几天啦？小慧掰手指算：第一天上山大太阳，第二天下雨，

第三天下雪,现在是第四天啦,又放晴了。这短短四天,好像过了一年四季那么丰富。在终南山里,衣食简单、生活丰足,小慧说她最喜欢的是不要一直和人说话。

"师父,今天不能锄地!今天是戊日!"小慧叫住了正扛着锄头准备清理屋前杂草的老道长。传说道家习惯戊日不拜祖师、不收徒、不磕头,也不锄草,因为"今天祖师爷到天上开会去了。"

"今天是戊日?"老道长又锄了两下停下手,我听见他自己小声唠叨:"这都是说给老百姓听的。"

小慧再次带领大家爬到木屋后的那座被师父称作拜斗岩的小山。在没有人打扰的晚上,师父总是带着小慧来这拜北斗,一磕就是好几百个头。这一带山里,只有这个地方有些断断续续的手机信号,像云一样飘过,送来几条红尘中的消息。

天晴了,昨天还嚷着要辟谷不吃饭的小慧今天心情大好,为大家做了一顿八宝粥,这该是山里最美味的食物了。

看我每天拍摄工作辛苦,小慧把剩下半碗八宝粥倒进我的碗里作为奖励,然后我直起腰,故意大声说:"谁叫你不能把饭碗舔得和洗过的一样干净,罚你晚上吃剩饭。"

"如果师父有一天飞升了,"我问小慧,"你会去哪呢?"

"我想到陕西与湖北交界的一个叫夹河镇的镇子重建一座道观,那里是我们师太王圆吉羽化的地方。"小慧说那个镇子很美,有很多的河流在那汇聚,如果想去找她,可以坐火车到一个叫麻虎的车站。

# 贴墙走的大老鼠

此行一起进山的李辛、光明丫夫妇和屠兄,都是我寻访记录中医以来新认识的朋友。在第一届医道会后,他们拜老道长为师,成为我的师兄弟。

同气相求,相交不久我就发现这群人有很多共同点,比如爱读武侠小说,对气功充满好奇,对传统文化都有着浓厚的感情,怀有无比的崇敬之情。

"如果我的身体有你那么好,我就不当中医了,我要去航海当水手。"初次见到李辛医生是在上海,他说话声音很低,气息很弱,要非常专心才能听得清。

和李辛熟悉后,我发现他的梦想远不只是当水手。有时候他还想有一块自己的田地,再开个小药铺,妻子则是馄饨店的掌柜。还有的时候他又想当一个作家,把中医传奇都写在小说里,年代背景是明清。他还喜欢写诗,中秋的时候会发过来几句:"月上青云,归鸟鸣林;得此中趣,心目清莹"。当然,李辛医生最大的梦想是拥有一种超凡能力,像武侠小说中六脉神剑一样手指弹

处，病人痊愈。对了，闲来无事的时候，他还看金庸武侠小说中给武林高手开的方子。

听我说遇见了一位百岁老道医，李辛和光明丫立马奔赴医道会，之后毫不犹豫地请求拜师，追随老道长。

清爽明亮的光明丫，笑称低调谨慎、连治病都不喜欢在明亮屋子的李辛是"贴墙走的大老鼠"。这比喻很"光明丫风格"，犀利贴切。初见李辛，他一直请求我写文章不要贴他的照片、用他的名字，理由是自己状态不好，"时机不到"。不得已，我在记录中医的文章里，给他取了一个代号"艾医生"，直到后来跟他熟识后，才用他的真名。

和李辛相处久了，我发现这只"大老鼠"内心其实隐藏着一头彪悍的野猪，但凡他认准的方向，总是一往无前冲上去。他的口头禅是："野猪是从来不需要证明自己是野猪的。"

一群来自五湖四海从未谋面的人，忽然有一天这么端着饭碗，在一个雨雪纷飞的日子，围坐在终南山里一位百岁老道长床前，你说这缘分不可思议吧？

为了配合我的视频记录需要，午饭后李辛硬着头皮坐到老道长身边。我请他提几个问题跟老道长作一次对话。

"师父，想跟您请问一下，应该怎么静坐啊？"

老道长捋捋胸前的长须，一脸平静地望着李辛。

门外还飘着雨丝，雪开始融化了。再过几天就要生产的"草上飞"身手依旧敏捷，还在忙碌捕食，积极地储存能量，好迎接未来的小宝宝。

## 炁体源流

老道长一连几个问题:"你追随我多长时间了?你有什么功德?你的心清静了没有?你把我给你的书读过几遍了?"李辛兄像没写作业的小学生,被老师活捉到讲台前批评,这会儿心里一定悔恨交加,想必以后再也不会轻易答应我为了拍摄什么纪录片去提问题了。

经过这段时间仔细观察,我发现老道长从来不表扬弟子,反倒是胡子一抖一抖的严厉批评。大家在他面前都难免紧张,这明显对教学不利!在一边忍住笑之后,我再次斗起小胆,准备两肋插刀,为李辛解围。

"师父,你老是这么严厉,把弟子们都吓到啦,多表扬鼓励我们一下吧!"说完话我赶紧低头瞥眼,继续埋伏在角落。

这回老道长只是捋捋白胡子,叹了一口气:"社会上的人才喜欢听别人说好话,我们在一起时间不多啊,不做那些没意义的事。"他又转身对着李辛说:"上次我给你的《炁体源流》《太乙金华宗旨》你读了没有?几遍了?"

守时回光

"看过了，读了一遍多了。"屋子里太安静了，李辛那么小的声音我都听见了。我的脖子也开始发硬，生怕老道长把眼睛转向我。

房间里安静了好几秒，只有炭火的哔啵声。老道长说道："给你们的东西不耐心去看，现在来了我给你们讲什么？你看得仔细，我只要一点拨你很快就会明白，哪能像教书郎写在黑板上一句一句地教啊？"

炭火声越来越响，简直要在我们面前炸开了。"很多人只是小学生，又想学大学的东西，带着好奇来到我面前，不是我不教，是我教了你们都不知道啊！"

话说这次我们这群小学生进山，还是带着任务来的。尤其是李辛兄，他一直有一个计划，帮助自己认识的老先生们，把他们毕生所学所悟的经验、精华，整理成册、出版传播。这些年来，李辛带领一群志愿者，一直在翻译雅克爷爷的《古典针灸入门》《心灵治疗与宇宙传统》《光钻》。

自从见过老道长，看过一遍《炁体源流》后，李辛就拉着我说，一起帮助老道长把书整理出来吧，作为献给老道长的礼物，而且对将来研学的人也会很有帮助。光明丫是一个非常棒的文字编辑，也很支持这项计划，所以我们才拉了这么一个小学"游击队"进山的。

道藏典籍浩如烟海，如果每本都读过再去修行实证，实在太难太辛苦了。老道长也非常有心地把书整理出来，就是因为自己走过很多弯路、吃过很多苦，所以希望可以帮助到后来人。"正道其实是最简单、很平常的，绝不奇奇怪怪，

回 家

说得越复杂越麻烦，离道就越远。复杂的是过程，从哪开始走的路，有的人从西安，有的人从北京，有的人坐飞机，有的人坐火车，最后来到这个八卦顶。"

"不管看什么书，你先把前几篇看看，然后看最后的一二十篇。一般书最重要的说明在前几篇，总结都在最后一二十篇，中间部分都是拉扯这拉扯那，拉扯的事情多。"有意思吧，没有上过学堂的老人教大家怎么读书呢。

"不过，你们整理的书不要加入一句我的话，祖师爷把该说的早就说得清清楚楚了，哪轮到我们来说啊！"老道长说，前几天还在劝一个道友休息一下，不要急着出版他的第四本书。

"我把自己的修行体验和前人的书结合一下，去除许多重复的内容，把它们整理出来，这样后来的人看书就没那么复杂啦！现在的人跟过去不同，过去的人按过去的办法教，现在的人得按现在的办法。《太清元道真经》《清静经》这是最要紧的……"

老道长又把他行医几十年总结的中医抄本交到我手上，让我完整翻拍，希望我们把它出版，传播给世人。这抄本主要是他几十年行医的方子，很多上面还认真注上"使用有效"。

"我也想开了，就在几年前我还把自己的好多方子分成几处保存，生怕被人偷走。"不过老道长又认真地交代，不要太在意这些方子，世界在变，人在变，药也在变。

"快得很，光阴快得很，你不要以为你们年轻，一转眼就老了。我考虑这光阴这么快，怎么办，有时候想一想，生死有命由天，自己也不要想了，想了也没有用。"老道长说自己剩下的时间已经不过十年，在完成自己的三个心愿之后就要退隐，专注修行。

现在社会上关于道家修行的方法众说纷纭，千奇百怪，很多人因方法不对弄出来一身病，而"修行修来的病最难治"。老道长最气愤那些自己没体验的人还出书教人，在他看来出书的责任太大，错了一个字，很可能就会导致千百人走上错误的道路。

"一个人修为怎么样，不要看他出了几本书，名气有多大，你只要看他是怎么死的。"

## 锅盔老白面

天终于放晴了,那场突如其来的大雪,除了地上残留的几个脚印外又都不见了。

熬过坏天气,饿了几天的"草上飞"立刻行动起来,给自己加餐。

小慧说:"每年在山里种的菜,除了被老鼠偷吃,还有野猪、刺猬,今年因为我们几个人的加入,下手又早,终于可以抢过那些动物,多吃一些菜下肚了。"

"小慧啊,今天天气好,你赶快把柜子里的面粉拿出来,我们做点面食吃!"老道长精神抖擞,撸起袖子准备大干一场。

听到师父这么说,小慧不知道为什么特别开心,笑得呵呵的。见我好奇地盯着她,她赶紧加了一句:"哎呀,师父就是偏爱黄师兄,还要亲自下厨啊。"这话说得跟真的一样,都让人不好意思了。

"哎,师兄,这面粉你加这么多糖干什么?"小慧端出来的面粉上,撒了厚厚一碗的白糖。这是陕西人的吃法?

1998年老面粉定制的农家扯面,拌上油泼辣子和酸豇豆,用自己砍的竹子做筷子。

用1998年的面粉做的馒头和花卷

小慧笑得前仰后合,终于憋不住了说:"这是1998年我和师父背上来的面粉,没吃完,都有点酸了。每次山里来人,师父都会让我赶紧把面粉拿出来。这次我们人多,可以天天吃,吃完了才能下山。"

山里没有密封包装,面粉放在老道长卧室的一个木头箱子里,唯一的防腐措施就是压得结结实实、紧紧密密的。老道长是一粒米掉在地上都要捡起来吃的人,我们早就领教过他老人家对食物的态度。所以,这个存了十几年的面粉,一定是不能浪费的。

除了十几年老面粉,我们还有一样"宝贝"。进山前,有当地朋友怕我们挨饿,送了20个大锅盔。可还没走到八卦顶,锅盔闷在袋子里就发霉长毛了。

我私下指挥屠兄把这包锅盔藏在山下村民家的猪圈边。谁知等我们进了山,那些锅盔竟然阴魂不散地又出现在我们的行李边。

这几天下雪下雨的,大家只好换着花样吃发霉馍馍,水洗之后,烤着吃、蒸着吃、烩着吃、炒着吃,就着1998年的辣子蘸着吃。敢不吃吗?小慧说曾经有人把吃的东西扔到厕所边,被老道长捡回来,洗干净,当着大家的面吃,据说那位乱扔食物的人哭了一天。

没想到啊,我这把年纪了,是在山里从头开始学习,怎么对待食物!

后来小慧师兄和关道长联手打造了限量供应野菜馅包子,终于不用吃锅盔了。

香蒿蒿菜是老道长带我们认识的第一种野菜，也叫空心菜，它的茎和城里的空心菜有点像，叶子有锯齿，背面带毛，用开水焯着吃。我们还认识了路路韭、野白菜、广东菜（一种蕨菜），敢情整个山就是个大菜园。

这是另一顿终南山大餐，中间那盆是师父和小慧师兄自己种的青菜干，还有清炒酸菜、野空心菜、路路韭、腐乳，外加一碗1998年封存的上好辣椒做的油泼辣子。

巴掌大的野香菇，山民采药的时候顺路采的，送给我们吃。配上粉条炖，大家边吃边形容：香、滑、糯、肥、嫩，此菜获得最高赞誉。

太阳底下吃饭是天下第一美事，不过即便这么美，老道长吃饭时也不说话。我们几个人的交流，全靠挤眉弄眼打手势。餐后展示一下我们饭碗的模样。

老道长吃完饭，总是用一块馍馍把碗擦得干干净净。小慧师兄更狠，菜盘子里的汁儿，只要是有油星子，半点都不能浪费，要用开水冲了喝下去，大家伙只好每顿都比谁的碗刮得干净，高呼越亮越光荣。

态度固然重要，没有技巧也是不行的。比如金黄的玉米糊糊，你要是指望筷子汤匙和馍馍把碗搞干净，可费劲了。我从小慧师兄那学到一招，转着碗往嘴里倒，一路哧溜，就可以一次性把碗弄得干干净净。

本来以为在山上会吃不饱，结果每次都吃得太饱，不得不晃一晃来消化一下。

回 家

比谁的碗刮得亮

巴掌大的野香菇

山居岁月，平常生活，我们竟然过得有滋有味、乐不可支。这时候，我突然想起了一个重要问题："师父，我们平日该怎么喝水啊？"

老道长盯着我有点不明白这是个什么问题。

在一边的小慧师兄快人快语："没事喝水干什么？反正我平时就吃饭喝汤，不像你们喝茶、饮料。"

餐后展示一下我们的饭碗

## 坐看云起时

"师父说今天可以去爬八卦顶的最高处啦!"

这是大家期待已久的日子。在小慧师兄的老照片里,我印象最深的就是老道长坐在峭壁的大石头上,安安静静地眺望着远方。

上山前,老道长专门检查了一下蓄水池。雨雪之后,水池的出口被枝叶堵得厉害,老人家站在那里琢磨了好一阵子。大山里的生活,全靠自己动手,如果没有点智慧,想在山里多待几天都难。

"师父,我们八个人正好八仙呢!"好像是王道长喊了一句。

"哎哟,这还真说对咧!"老道长笑得胡子乱颤。你说这老先生,中国象棋罕有对手,谈经论道如数家珍,是个哲学家,平时不苟言笑,可有时候就这么一个偶合的数字,竟会让他开心很久。

山里到处有神仙,每一块大石头,每一个拐角,都要尊重。爬了一个多小时,在接近山顶一个相对开阔平坦处,老道长安排大家点起香烛,他率先磕了九个大头,嘴里念叨祖师爷们的名字。

"太美啦……",走在最前头的小慧师兄和王道长开始欢呼。

老道长站在水池边琢磨良久

回 家

我们爬上八卦顶最高处，巍峨雄奇的太白山浮在眼前。前几天的大雪像白纱巾一样披在山肩上。

"我登过五次太白山！"今天不负重的屠兄声音明显响亮了。

海拔3767.2米的太白山，位于陕西宝鸡秦岭北麓的眉县、太白县、周至县三县境内，是秦岭山脉的主峰，也是我国大陆东部的第一高峰，比我们现在所站的八卦顶顶峰还要高出一千两百多米。

"师父，听说有好多几百岁的高人隐居在太白山里？"爬上最高处远眺的王师兄问。

"那些人，只有他想见你的时候才会出现，"老道长停下脚步说，"真正隐士，不会在名山大川里等人去'参观'的。"

"这下面是三十盘沟，再翻过去是南天门，再往下走那条沟叫四十盘沟。"小慧师兄用拐棍指着山下如数家珍，这一带她再熟悉不过了。早年为了找到通往八卦顶的近路、好路，她跟着老道长走遍这一带。

这些路在地图上都是空白，我反反复复查找到一个叫做青峰山的地方，跟小慧师兄确认后，才勉强定位。

一百岁的老道长，沿着石缝扶着一根随手放倒的木头，慢慢爬到了他最爱的那块大石上，下面是万丈绝壁。小慧说老道长每年都要来这里坐上一会儿，然后就这么看啊看，等啊等，一句话也不说。

回家

他不是在等神仙吧？！

我胆战心惊地顺着老道长走过的路爬到那块大石头上，哆哆嗦嗦为他拍了一张正面照（左）。画面里的右、中两个老道长，是小慧在2008年、2010年拍的。时隔几年，在相同位置的三张"合影"，有变化吗？

经过这半年的接触，这个曾经极不喜欢记者、最讨厌拍照的老道爷对我的镜头已经完全无感。但是这么近距离拍摄的机会，还是极为难得。

我跟老道长说以后每年我们都来这里拍一张照片，他只是笑笑说："好了，不拍我了。"

说话间，眼前有云雾咕咕咕地从山谷里冒出来，越走越快，越来越多。

老道长像想起什么似的大叫起来："你把周围这些云雾照起来！看，这些黑的、白的，我入静的时候感觉到的云雾就像这样子！"

"刚是入大静的时候周围的云彩呼突突地冒起来，一下子满到空中把你包围起来，啥也不知道了，

回　家

自己在哪坐着也不知道了。"我听过不少关于入定的传言,心里还是有很多疑惑的。今天真的有过来人亲自描绘那时候的情景,还真是第一次听说。

我听过有些道家、静坐者、禅定高手们,说起如何修行静坐都滔滔不绝。很奇怪,老道长怎么从来都不聊这些呢?他对李辛师兄说:"其实在哪里修行都一样,只要你的心能够清清静静、安安然然。"

看着眼前壮丽山河风起云涌,此情此景,应当高歌一曲来咏志畅怀。谁来唱呢?我环顾了一圈,目光还是落在老道长身上,那股排除万难的厚脸皮精神又跳了出来:"师父,您唱首歌吧!"

大概近一百年来,都没人主动请他老人家唱歌了,他还不太适应。老道长

白了我一眼,假装没听见,不搭理,继续抱着脚看风景。

"苏武留胡节不辱,雪地又冰天,穷愁十九年。渴饮雪,饥吞毡,牧羊北海边。心存汉社稷,旄落犹未归。历尽难中难,心如铁石坚。夜在塞上时听笳声,入耳恸心酸。转眼北风吹,雁群汉关飞。白发娘,望儿归……"

苍老的声音在山谷回荡。当老道长唱到"白发娘望儿归"时忽然哽咽了,跟我说:"不唱了不唱了,再往下不唱了。"

然后听见他一声长叹:"过去的忠良什么心?现在的人呢?苏武啊……"

在我眼里,老道长就是一个从古代走来的人,有机会遇见他,追随他,记录他,我感觉自己正在完成一次神奇的穿越。

在我看来，他们完全是生活在另一个世界，一个我从来不曾了解的世界。

知遇

# 海南有约

故事得从 2010 年说起，在福建福安牛童宫，我认识了一位全真龙门派的道长萧理龙。萧道长常年辟谷，一辈子寻找神仙，说是只要地名里有一个"仙"字的地方，都会去看一下，一访几十年。

在寻找神仙的日子里，萧道长一定见过很多不一样的人吧？

萧道长自称三十多年前在华山拜了程至良道长为师。程师父八十多岁时仙逝，走之前把他托付给自己的师兄张至顺道长，据说张爷修行高且精进，在道门里备受尊重，只是行踪不定，常年隐居在终南山。"可惜啊，三十多年来，一直没有传给我什么本事。"萧道长说。

十几年前张道长和他在张家界分手之后就杳无音信。2010 年，萧道长在华山再次见到张道长。已经九十九岁的张道长开始传道给萧道长，"我考验你三十多年了，现在开始正式传你大道，剩下的让老天去考验吧。"

重见师父，萧道长非常激动。时光荏苒，两人就像激流中的两块礁石，遥遥相望默默静守，任时光如流水。

在我看来，他们完全是生活在另一个世界，一个我从来不曾了解的世界。

在萧道长的小数码相机里我看到了一张张道长的照片。张道长一身蓝衫，头戴道冠，胸前一缕白须，整个人清瘦飘逸，仿佛是一个古代人定定地站在那里。

"十道九医""医道通仙道"，据说中医的源头在道家，所以道家道医是我记录中医必不可少的一部分。直觉告诉我：这位张至顺老道长会在我寻访中医的路上，引我走进一座全新的隐秘花园。所以，我诚恳地请求萧道长："有机会一定带我去见您的师父啊！"

2010年的倒数第三天，接到萧道长从海南打过来的电话，他说自己就在师父身边，邀请我到海南拜会老道长。他还热切地希望我和老道长聊上几句，话筒还没递到他师父手边，就听见有个苍老的声音响起："我不见什么记者！我们出家人不跟他们打交道。"

好尴尬。

第二天，萧道长又来电话，说"以自己人头担保，这个记者不是坏人"，老道长才同意和我见上一面，"不过不可以拍照、录像、录音"。

让一个摄影师去见一个不可以被拍摄的对象，真是一个挑战。我一直在记录中医，这个老道长他是道医吗？不知道。那我究竟为什么去呢？我听见自己在电话这头很肯定地回答：好，我明天飞海口。

我对提倡"天人合一"的道家思想一直有亲近感，总想象着自己有一天能走进一座铺着青砖，长满挺拔松树的道观。没想到临到 2010 年最后两天，还和道门有一个未了的约会。

上网查了一下老道长所在的玉蟾宫，位于海南省定安县文笔山山下，是道教南宗五祖白玉蟾的归隐之所，被道教奉为"南宗宗坛"。

巧了，白玉蟾真人祖籍是福建闽清，生于海南琼山，在福建武夷山得道，并于武夷山止止庵传道授法，最后又归隐海南。如此说来，我和白玉蟾真人也可以攀老乡了。

2010 的最后一天，我登上飞机，满脑子都是那个白胡子老道爷的模样。

他从哪里来？又将到哪里去？曾经有过什么故事？

为什么萧道长那么迫切希望我和他见上一面呢？

我有机会为这位白胡子老爷爷拍一张照片吗？

这一切，真让人期待。

2011 年元旦前一天晚上八点半，我飞抵海口。远远地在人群中我看到萧道长来接我的身影，顿时觉得歉疚。因为那晚是张至顺老道长给弟子们传道的时间，他追随张道长三十多年才等来这个机会，因为我，竟然错过了。

此前我对萧道长的了解也不算多。依稀听说他在湖南长大，中学时曾光着脚拿过衡阳地区万米长跑比赛冠军。后来参军，退役后不知道为什么出了家。

从此他踏上了一条看起来不可思议的路——寻找神仙。但凡这世界上传说出现过神仙，或据说有高人隐士的地方，甚至带有"仙"字的地方，他都不远千里跑去看看，盼望得遇神仙。这一跑，就是三十多年。

萧道长接过我手里的箱子时，我问他："睡眠好点了吗？"

"昨天睡了两个多小时了。"这次长时间睡不着，是以往三十多年没有遇到过的，他非常紧张，立马想找师父张至顺道长帮忙。

无巧不成书。那天饭后张老道长散步时，转头问身后小慧，这么长时间你萧师兄没有消息啊？就在这时候，电话铃声响了。小慧一看手机，惊叫起来："师父！萧师兄的电话。"

萧道长当即从湖南金龙宫飞奔海南。"师父很慈悲。至于睡眠问题，师父说主要是原先身子的底子差，吃点羊肉什么的补一补就好。"

"老道长建议你吃肉？"我以为一个修行到百岁的人，应该比谁都更严格遵守道规啊。

"嗯，师父完全素食。但是他说不要着相，身体需要就可以吃。"

"萧道长，你也会生病吗？"这问题问出口时我都觉得自己有点傻。可是我想像他这样孤孤单单一个人，行走在世界的边缘，要是意外生病，有谁能够关心他、照顾他呢？

"今年有过一次感冒吧，不过也就咳嗽了两天。"

我看过萧道长的随身行李，一个旧的背包，里面是两件换洗衣服和几本书，

还有一大袋生花生(他的主要食物),一个随身斜挎布包,其他就再没有什么了。

机场离玉蟾宫只有一小时的车程。很快就要见到老道长了,我竟然有点紧张。见面时我该作揖,还是鞠躬,还是磕头呢?一百岁的老人家还看得清,听得见,走得动吗?他每晚给弟子上课身体没问题吧?

"我的师父姓张,张至顺,全真龙门派第二十一代传人,道号米晶子,法脉出自武当山太子坡……"终于知道老道长的一些消息了,好神秘的一个老道长。萧道长说他老人家每年至少有半年隐居在终南山,做饭、种菜、练功。一百岁的人了,这不已经是神仙了吗?

"师父以前是个道医,有四十年不再看病了。"萧道长一脸是笑,他知道这是我最想听见的消息。"他不仅用针灸治病,还开药方,还会采药制药,熟知终南山一带四百多种草药。"

我忍不住哈哈笑起来,知道自己为什么到海南来了。

"请你来拜访记录师父,"萧道长一脸诚恳,说只有一事相求,"不管师父说的是什么话,在你看来也许是疯话、错话,请你一定用原话,不要去美化。我们的水平都没有老道长高,很难站在他的角度去看世界,如果改变他说的话,就可能会让人曲解,其他人就再没有机会去了解他了。"

守時 回光

# 守时回光

玉蟾宫的夜景很迷人。玉蟾宫殿沿着文笔山南坡顺势而上，接近山顶还有几块大石像巨兽般守护着这片道家南宗圣地，这宁静的画面和道经里传说的天宫"八角垂芒"景象有几分接近。

"师父在等着你。"

因为说了不让记者拍摄，所以我准备空手出门。

"带上摄像机。"萧道长笑着拦住我。

带上摄像机？对我来说真是好消息。

这些年我专注于拍摄纪录片，又有幸一直在拍摄自己喜欢的户外运动、野生动物、传统文化题材，不涉猎时政新闻。因为好奇、因为喜欢而工作，我的手边随时都能抓到摄像机，背包里的相机电池永远充满电。

推开黄色的门帘，我一眼看见盘坐在太师椅上的老道长，鼻梁挺拔，一缕长须，像是从古代的水墨画里走出来的一位老者。他平静地望着我，好像已经等了很久。他就是我要找的那个人吗？

不需要介绍，没有客套，进门时一对眼好像把该说的都说了。

我趴在地上认认真真地给老道长磕了三个头。这是我生平第一次给人磕头。老道长捋了一下白胡子，点头笑笑："很好，你也坐下吧，我们接着上课。"

我可以加入听课？可以拍照？还可以录像？我是记者啊。萧道长悄悄凑到我耳边："师父看到你很开心。"

老道长身后的黑板，有四个大字"守时回光"，是什么意思呢？

我四下张望，屋子里十个人不到，每个人面前都摆着一本《太乙金华宗旨》。老道长的口音让人不太容易听懂他讲的内容，不过我隐约也听出来，现在讲的《太乙金华宗旨》是道家至宝，而黑板上的这四个字，好像是灵魂思想。

百岁老道爷已经跟弟子们讲解了好几天《太乙金华宗旨》，但依旧精神矍铄，目光闪闪。道家有"非其人勿传，非其真勿授"的讲究，难得有缘人，老道长对面前的这些弟子们，真是全身心投入了。

可惜啊，我从来不是一个好学生，而且对道门里的事一无所知。老道长在讲解"守时、回光"时，我像个保姆一样惦记着我的相机、摄像机，脑袋里已经开始高速运转着，想象自己追随这位白胡子老爷爷走进终南山的画面。

"天下修道，终南为冠"，萧道长这三十多年每年都在终南山中住一个月。"那里的气场很不一样！"据他说终南山非常大，有儒释道各种隐士，不过大家基本没有往来。那么终南山到底有没有神仙呢？

"没见过。"萧道长呵呵笑着，不过他确信那里有"神仙"，也因此走遍

了终南山。道家认为终南山传说是从王母娘娘住的昆仑山开始的，崆峒、太白、华山、武当、嵩山等山都属于终南山。

彻底让我迷上终南山的是那本《空谷幽兰》，写的是一位外国人在终南山寻访的故事。云中松下野百合、半亩方塘一鉴水……这也是我想做的事啊！陶渊明、钟馗、老子、鬼谷子、吕洞宾、孙思邈、姜子牙、王维、鸠摩罗什等，都去过，现在外国人也去了，我怎么还闲在这里呢？

我打电话给李辛医生说找到了一位终南山隐士萧道长，可以带我们进山"寻仙"，问他："去不去啊？"去！他说大不了给自己放一年的假。不过我也很纠结：如果拍终南山去了，那说好的记录中医的纪录片怎么办？跑题了！

"离开眼前，谈玄说道，皆是背道而驰！"仙气飘飘的老道长定定地望着我的眼睛，"而守时，就是要把握好真机……"

一下子答案都有了：老道医啊，记录中医不拍他，那才是跑题！

## 浩然之气

清晨，太阳还没有升起，文笔山弥漫在一片温暖潮湿的晨霭里。我起了个大早，拎上相机，顺着昨晚黑暗中的记忆，慢慢寻向老道长的住处。

推开文笔书院大门，张道长早就气定神闲地站在院中，一招一式、刚劲利落地打他的"八部金刚功"。

十七岁时，张至顺遇见了刘明苍道长，传得道家八部金刚长寿功，八十年来习练不辍。已近百岁高龄，张道长依旧身板硬朗、动作不衰，甚至眼力都丝毫不差，看书写字完全无碍。

老道长的八部金刚功和八段锦有几分相似。想想社会上各种养生功法多如牛毛，大家猴子掰玉米一般，捡一个扔一个，真正做到简单功夫重复练，长期坚持不放弃的，太少了。

"金刚功、长寿功"是道家历代单传的功法，没有文字留下，即便道家中也未流传，知道者更是寥寥无几。张道长说当年师父可不轻易教这些功夫，观察一段时间才教一招。尤其是长寿功，是他师父快要仙逝前才教给他的。

八部金刚功适合在清晨阳光将出未出时，相对清静的环境，面朝太阳方向习练，让全身与朝阳相映同辉。看老道长练习金刚功，动中有静，快慢相间，看着看着，就感觉他像一位正在泼墨挥毫的大师，侧、勒、努、趯、策、掠，笔笔干净，字字利落。

长寿功明显更内柔，虚静，长久练习，使人达到物我两忘而"天人合一"的境地。

练习完毕，太阳也才升起一丈高。看老道长难得清闲，我赶紧凑上前，聊起我特别关注的那个问题："师父，老话说十道九医，您是因为修为高了，就变成医生的？"老道长叹口气，说起自己的学医故事。

当年道家师父劝他不要学医，张至顺道长没有听从，后来后悔了。"既然出家，就应该专心修行。学了其他的，难免分心。尤其是当医生，心里老是惦记着病人。"

当了二十年医生后，老道长终于放下行医，专心修行。倒不是自己想通了，而是因为二十世纪七十年代，他治好的十来个绝症病人，站出来恶狠狠地问他为什么治好别人的病却不收钱，是有什么企图。人心坏了，再怎么治都没用。从此，老道长专心修行。

人生就是长跑，健康快乐跑到终点的人才是第一名。

老道长是个明白人。

## 找到好师父

在玉蟾宫的方丈室外，一只垂死的鸟无助地瞥了我一眼。

"师父，这里有一只鸟快死了！"

"哎呀，它该不是撞到玻璃上撞晕了吧？"老道长三步并作两步爬上一层，"要给它喝点水就好。"然后我看见老道长一着急，把鸟喙塞进自己的嘴里，喂了它几滴口水，看得我目瞪口呆。

你别说，老道长的办法还真管用，这鸟一下醒转过来，扑腾两下，飞走了。

元旦那天，老道长参加了玉蟾宫迎新年的活动。老道长从容淡定，活脱脱一个穿越时空的古人，看得我如痴如醉。八十多年的道家生活，那些动作已经行云流水，和吃饭睡觉一样，化为其生命的一部分了。

稍事休息之后，老道长继续向弟子们讲解《太乙金华宗旨》。这么不知疲倦的投入状态，背后一定有什么故事。

在玉蟾宫听老道长讲法的出家弟子，除了拜师三十年的萧道长之外，还有一位跟随老道长二十二年的许小慧道长。

老道长曾在张家界办过一个道家学堂，他希望文化传承从娃娃抓起。可是这条路实在太苦、太漫长，当时十几个娃娃，如今就剩下小慧道长一人。

当年学道，张道长给师父做了十几年的饭，不知磕了多少头，师父才传一点功夫，宝贝得不行。也正因为得来不易，他非常珍惜，分外用功。

"没有找到好师父前，千万不要乱修！"老道长一再跟眼前的几位俗家弟子们强调，"修行得的病，神仙都治不了！"这辈子他遇见太多这样的人了，听了几场讲座，看了几本书，甚至是一些来路不明的抄本，就开始修行，结果误入歧途。

大家要看经典，比如《太乙金华宗旨》《太上老君说常清静经》。但是实修，还是要师父引进门，方可以少走很多弯路，规避许多风险。

为了庆祝元旦，老道长亲自下厨包水饺，弟子说他擀面的本事一流。这也是十几年下厨学来的手艺。"不劳动就没饭吃！"劳动就是修行，但是不能过劳，要像孕妇一样对待自己的身体。

趁老道长包饺子的工夫，我这个不做家务、四体不勤的人，抱着电脑把上午给老道长和小慧道长拍的骑石牛的照片处理了一下，变成腾云驾雾在天上飞的感觉。老道长看了，一下惊住了。

"哎呀呀，黄剑，你这张照片给我的信心太大了！"老道长不知道为什么那么激动，一把拽住了我。

太乙金華宗旨

孚佑帝君著

## 天心第一

呂祖曰、自然曰道、道無名相、一性而已、一元神而已、性命不可見、寄之天光、天光不可見、寄之兩目、古來仙真皆口口相傳、傳一得一、自太上現化東華、遞傳岩、以及南北兩宗、全真可為極感盛者、盛其從衆衰者衰於心傳、以至今日濫泛極

"啊，师父，这是假的，电脑处理的效果。"

"对呀！我以前看见很多修行人的照片，看见他们在天上飞来飞去，羡慕死我了。心想我这辈子是学不成道了，赶不上他们啊！原来那些都是假的啊。"老道长笑得胡子乱颤，好像解决了一个人生大问题。

守时回光

## 老道医

张至顺道长曾是个道医，不过他说那都是太久以前的事，后来就少看病，也不给人治病了。

"我是要饭长大的娃"，老道长说起小时候的事胡子抖得特别厉害，"家里实在太穷，有一次老娘生病了家里没钱治。我每天要饭回来没进院子就先冲着屋子喊'娘'，生怕听不见回答。"

村子里有位老婆婆是医生，为了请她给娘治病，我们张家的三个孩子一早就跪在医生家门口，直到晚上老婆婆才在自己儿子劝说下到我们家看病。"后来，我娘的烧就退了。我是又感激她，又痛恨她。"一百岁的人了，说起九十年前的伤心事眼里还泛着泪光。自此，少年张至顺开始学中医，还下定决心将来只给穷人看病，"谁说穷人的命就不是命了？"

十七岁的张至顺入了道门。道家师兄弟们都会些医术，大家在山上看见药材会采回来。"县里药铺有四百多味药，只有几味我没采过。实在还有不认得的，给人磕两个头也就学来了。"

除了识别草药，张至顺还跟随师父及道友们学医，针灸师父就跟了六七个。"我下了苦功自学中医,用三年时间看《本草纲目》,花八年时间研究肝癌怎么治。"后来,他开始有一套自己的治疗体系。"中毒时候要扎针……对病要心疼,对毒要下狠手……"

"快有五十年没有行医了,不要说药的性能,就连药名都快写不上来了。"老道长带我在林间散步的时候,笑着摇摇头说。

他身边还有一个抄本,是这几十年来临床实践过的一些验方,这些宝贝方子来得不易,他格外珍惜。"以前总怕这些方子被人偷去,一张方子还要分成三份,放三个地方。"老道长自己都笑了,"等有机会你帮我把它们传到社会上。"

在老道长看来,推广强身健体的八部金刚功和八部长寿功更有意义。

"我师父的老表才高明,他能看出一个人三年以后能得什么病!"老道长摇摇头说自己没这些本事。老百姓都称他"八卦神仙"。

后来武当山一位老道长教会他推拿按跷,这个厉害,从此以后,他针也不用,药也不用了。

张至顺一直记得小时候妈妈求医的那个画面,在后来近二十年的行医中,给穷人看病他从不收钱。二十世纪六十年代初,有一天张道长忽然听见道观里有两个女人在哭诉,妇女说自己正当年的儿子在医院久治无效,被劝回家等死。

那时候道家给人看病很难。道长看那女人实在可怜,于是悄悄让她们先回家,约好夜里过去给他们家人治病。经过几次夜间治疗,病人被从死亡线上拉

了回来。

二十世纪六十年代某天,张道长被人们围了起来,围他的人正是宝鸡县(今陕西省宝鸡市)里他救活的七个病人,这当中还有他冒着危险半夜救治的那位。

"其余六个病人都没有说话,只有那个人站出来。"老道长看上去好无奈。

他不明白为什么自己舍命救活的人会变成这样,人心怎么可以一点道义都没有呢?从此之后,张道长再不治病,他把所有的药都倒进了渭河,把医书全部烧成灰烬。

张道长就此遁入终南山,专心修行,希望有一天能超脱人生,了却生死,这一晃就快五十年。

听我说起自己拍摄中医故事,老道长一阵唏嘘。然后就像意料中一样,看到雅克爷爷照片的时候他的眼光停住了,用浓重的陕西口音并夹带着河南腔问

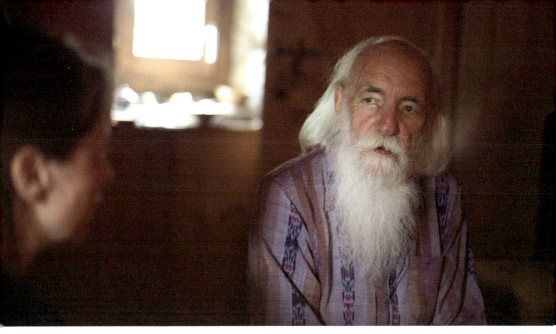

我:"你说这个外国的老头子也是中医?"

"是啊,他用《易经》《河图》《洛书》来理解中医的针灸理论,后来成立了一个针灸无国界组织,在非洲、南美洲等世界上最穷困的地方推广针灸呢!"

老道长的胡子又抖起来了,拉着我的手:"他的牙都是真牙吗?"

老道长还知道有一位叫做南怀瑾的国学大师,"我看过他的书,他的书多得可以把半个海填平了。"老道长眼里闪着光,"要是我们这几个老汉能够在一起,讨论祖国的传统文化,聊聊中医多好!老话说活到老学到老,临死还有一招没学到。"

# 八卦顶

小慧道长曾在终南山八卦顶的同一块崖壁下为老道长拍了两张照片,一张顺光,一张逆光,时隔两年。不同的年份,不同的光线,相同的姿势,一样的表情。老道长说自己三十多岁的时候就是一缕长髯了,模样和现在也差不太远。时间的钟摆在老道长身上好像已经停止晃动。

老道长是河南人,逃荒到了陕西,在终南山拜师学道,大几十年来一直隐居在终南山中。这几年即便远在海南玉蟾宫,每年夏至之后他也一定要回到终南山待上半年,终南山的气场不同于其他地方,最适合修行人。

小慧说:"师父在山内种药材,一得闲他就四处翻山寻找适合自己的地方,跑了八趟,最后选定一个叫做八卦顶的地方。他拿了两把斧子、两把柴刀,每天从药场走到八卦顶开始建小茅屋。"

自从十一二岁被父母送进道门,小慧追随张至顺老道长已经二十多年。她说八卦顶就在陕西宝鸡一带的大山里,名字是老道

长自己取的。难怪我在地图里都没找到。

"到了1998年，师父决定回八卦顶修一座大一点的房子，带着二十几人上山了。进山的路都是一人高的草，根本没路，第一天上山就走错。有的地方路滑，有人摔了一跤，背的饭碗被摔了百多米远，大家又去找碗。那天从中午十一点走到晚上十点半才到八卦顶。不过大家都很高兴，感觉一点也不累。"

一个八十七岁身材瘦小的老道人，背着三十多斤的背包，一口气走将近十二小时的荒野山路，这情形实在只能用彪悍来形容。

"师父每天指挥大家干活，锯木、挖地基，一个月建好三间房子。那时总下雨，二十几个盖房子的人都挤在一个小茅草屋里住，师父只能靠着石壁睡觉。他也没什么菜给大家吃，几乎都是白水面，后来油也吃完了，就是干辣椒面放到面条上拌一下，吃了好几天。最困难的时候连面粉也吃光了，大家不得不冒雨下山背粮食。"那么苦的日子，怎么小慧道长说起来一脸都是笑。

房子建好后，就剩下张道长和小慧道长，"拉大锯，钉柜子，钉床，又挖土垫门口院子，忙了几个月。我们还挖一块地基搭个柴房，院子也垫起来了。后来天冷土已经冻上，实在是挖不动了才停下来。"

最近的村子离八卦顶有二十多里地，"刚开始没找到近路，下山要走六七个小时，上山要走十二个小时，老道长每次还要背三十多斤的东西上山。"

小慧道长说每次上山走累了，她就喊妈妈的名字，老道长总是安慰她说慢

时隔两年的张道长照片 2010/09/13 08:26

老道长坐在锄头上正发愁 2010/08/22 08:37

知 遇

张道长带领大家修房子

穿什么衣服，对老道长实在不是一个问题。传说中的百纳裤是老道长在终南山里的标准行头。小慧说，跟随师父这些年，一直这样。 2010/07/05 09:26

在八卦顶的最高处，有几块巨大的岩石，借助一根横倒的树棍就能爬上去。小慧道长说老道长最喜欢坐在这个位置了，远望群山，静坐冥想。远处就是秦岭的主峰——大白山。 2010/07/04 15:16

知 遇

慢走，不远就到家啦。实在走不动了，老道长就边走边讲故事给她听，一个近九十岁的老人心里的故事，一定讲不完。

"我记得有一次上山走了六个小时后，开始下大雨，没地方避雨，师父说要走快点，不然就回不去了。我说下雨不好走把东西放下，就可以早点回家，他说明天取的话太远，不行！当时我就哭了，那天淋了三个多小时的雨。"

冬天的大雪融化后带来的泥石把老道长自己设计的引水工程破坏得厉害，夏至进山后，当老道长坐在锄头上，看着眼前的情景正发愁时，小慧拍了张照片。

小慧道长在拍照时被老道长发现，他一向不喜欢被拍，更何况自己正在犯愁呢。于是捡起一块土疙瘩扔小慧，气哼哼地说："拍什么拍，还不快干活，今天不让你吃饭！"

在玉蟾宫餐桌上，老道长一再提到山里头种的生菜最好吃，又甜又脆，弄得我直流口水。山里动物特别多，狗熊和野猪常来偷吃菜。"我们就用彩条布盖住青菜，还用有刺的大树枝放在上面，野猪也给咬断，弄个洞照样吃。我们还点灯、放鞭炮，但都吓不走它们。"

"1999年阴历六月下了一天雪，把我们种的豆角、豆葫芦瓜、辣椒都给冻死了，看着正在开花给冻了，我心里难过得不行，师父说没有菜了重新种，没什么大不了的。"那时小慧道长还不太会种菜，看到快成熟的菜吃不上心里特别急。

"2000年，我们在山上种的黄豆、玉米，快要成熟时一晚上野猪给吃光了。"他们用八号铁丝设了一个陷阱，有一次真的套了一只野猪！不过几个小时后它逃跑了。"还有一次套了一只兔子，我们给放了，后来几年再也没来个兔子。还有地老鼠、野驴、山羊、鹿、刺猬、狗熊都会来吃我们的菜。"

"有一年六月份，一位来自山东的隐士听说师父在山上，就来拜访，当时没人领路，他自己打听上去的。刚巧那几天雾特别大，他就在我们房后不远处住了三天，可是没找到我们，他能听见我们讲话声就是不知怎样过来。"

我暗下决心，往后的几年里，要追随老道长的脚步，和他一起走进终南山，用镜头记录下这位百岁老道医的故事。

看着照片里的老道长，我感觉已经调整好呼吸背上相机，满心喜悦迈开脚步了。

# 拜师

每天饭后稍事休息，老道长都要出门散散步。那天走过玉蟾宫元辰殿，他忽然小声跟我说了几句话。河南普通话，我竟然没听清。

"你今晚十二点到我屋里来一下……"他再次放低声音，不想让其他人听见。半夜三更去找他？虽然没有"孙猴子"的机灵，但是我还是隐约想到了什么。

作为一个记者，一个从没信仰的自由散漫主义者，竟然为了一次采访来拜师，已经是非常不可思议的举动了。晚上十一点半，我出发走向老道长住处，心里既紧张又兴奋，还有点小纠结。

老道长住在玉蟾宫文笔书院深处。我穿过书院右拐，进入更大的深院，推开门过操场，再爬上近一层楼高的台阶，来到他卧室门口的大厅，这里供着太上老君神像，还有三排摆满《中华道藏》的书柜。有一盏日光灯，还亮着。

即便是最热闹的游客高峰期，这个角落都很安静。这会儿更是除了虫鸣，万籁俱寂。

知遇

我探头往老道长的屋里看了一眼,他蜷曲侧卧朝里,一动不动,大概是睡着了。"师父",我小声喊了一句,没有回应。这几天跟着萧道长一起,我也把老道长叫师父。

说好十二点,我提早十来分钟到。想着都是一百岁的老人家了,我就别吵醒他了。正好我心里还有小纠结,再琢磨琢磨。我在客厅沙发上坐下。过了几分钟,我脑袋里回放了一下电影里的拜师场景,当前这个坐姿不是太专业、太恭敬吧!

回想这几天老道长拜祖师爷的动作,我倒是跟着学了一些。闲着也是闲着,拜拜祖师爷吧。我站起身认认真真地在祖师爷面前点了三支香,给祖师爷磕头的时候,我心里在念叨:"祖师爷啊,我从来没想过有朝一日可以成仙得道,逃脱生死,我就是挡不住对道家的好奇和向往,希望能够拜师入门,用我的镜头记录到最真实的道家世界,也借机让更多的人了解,还有这么一群人,这么生活着。"

磕过头之后,我又到老道长门口低声喊了一嗓子,还是没动静。这可怎么办啊?我一个早睡早起的人,这会儿眼皮都有点重了。于是我把两个跪垫叠在一起舒舒服服地坐下。在我两眼开始有点迷糊时,忽然瞥见门外有一个长长的人影在晃动。

"黄剑,你在这干吗呢?"原来是振林医生在门外探头探脑。他是萧道长的朋友，一年多前在西安见到老道长时就想磕头拜师了，当时老道长没有答应。这次热心肠的萧道长不仅邀请了我，也邀请了振林医生。

哎呀，也不知道算不算秘密，但我又不想骗人，于是跟振林医生说："老道长让我今晚12点来找他。"黑暗中，我看见振林的眼睛一亮，哧溜一下就奔到我身边。"我也要拜师！"这哥们二话不说，扑通一声就跪在那儿。

振林是东北人，一米八几的大高个，跪着都很高的。我小声提醒大嗓门的他，说话小声点，老道长还睡着呢。他使劲点点头，一脸欢喜。

才等了几分钟，振林就有点受不住了。他早年曾经重伤过，跪不了太久。他往老道长的门口方向挪了几步，嘴里开始小声叫着："师父……"

屋子里依旧没有动静，老道长睡得可真沉。这时候，门外黑暗中一个白衣人又闪了出来，是小慧道长。"你们在这干吗呢？"半夜三更在这里吵师父，她可不答应。

听我说明原委，小慧道长说："那你要到屋里跪着等师父啊，在这他怎么知道？"然后转身休息去了。振林随即便进屋里等着。

看着振林的背影慢慢消失在门里，我一边笑一边后悔，哎呀呀！没带摄像机，这么有趣的场景我竟然不能拍下来。出发前，其实我还想过是不是带一支录音笔的。

"黄剑，师父醒来了没有啊？"和振林医生同屋的萧道长在身后突然说话，吓了我一跳。我指了指屋里，振林医生还在屋里继续恳求中。

萧道长有点怕师父的，贴在门边朝屋里小心翼翼探了一下头，就赶紧转身开溜。没走两步，我就听到"咣"的一声巨响。我抬眼望去，萧老道因太过慌张，一脸贴上了门口的大玻璃门，他一哆嗦，"噌"地消失在黑夜里。

这午夜时分，原本宁静的小院，本该非常严肃的拜师传道，在我眼里，竟然充满戏剧性。可惜啊，我始终没能把这一切拍下来。

"黄剑，师父醒啦。"振林在屋里欢呼。

这么折腾，能不醒吗？我赶紧进屋，老道长已经坐直在床头，一脸微笑摇摇头，"你来啦……"

我认认真真给老道长磕了三个头："师父，我拜师来了。

"按本门规矩，法不传六耳。但今天你们既然一起来了，也是缘分"，老道长坐在太师椅上平静地说，"我今天就收了你们俩做弟子。"

然后，老道长让我们坐到他眼前，轻轻地说起话来。

我本能地又把手往身后摸了摸，再次确认，自己真的没有带摄像机。

拜师之后，师父特别强调了求学的不易，明师难求，要好好珍惜。萧道长、小慧道长跟了他二三十年，他都一直在考察和等待合适的时机。

终于有一本老道长亲手签名的"教材"了，这次老道长用得就是一本薄薄的册子，书名叫做《炁体源流》。

下面是《炁体源流》里老道长的自序。

余自十七岁于华县半截山碧云庵参入道教，就志学道参生死之变、习长生之术，尝于北京白云观藏经楼偶得《太清元道真经》一部直指生死之变、长生久视之道，至道不烦也。指示修道本体安静和柔，不移自性，常守虚无，湛然不劳，得自然之道也。

道祖为万法之王，玄之又玄，真空妙有，妙有真空，即是先天一点真阳之光。以道心观天心，真阳发动处，当用之时，元神、元炁，同称谓玄。元炁谓玄，元神谓玄又玄。静者为性，动为元神。燃灯佛，两目之光也，住西天极乐国雷音寺。道祖，住真空无极真境静土之天。

余常对门下弟子说儒释道三家同是一母生，何须争上下，一母者乃先天一点灵火之光，性也。佛曰众生平等，道谓至善之地、性命之源、造化之理也。邱祖曰："人生先生两目，死先死二目"。又曰："一目之中，元精、元炁、元神，皆在内也"。《素问》曰："人之一身精华上注于目"，学者思之，慎之，慎之。住眼于心神，二目之光，乃是元神真意之体，即真性也。千佛万祖皆不肯说破此光真性，今泄天机难免天谴。作偈一首：巽风吹到水面上，海底常送无油灯。千言万语难说尽，一字道破定南针。

余云游四海，收集道书二十八种，皆佛道二祖玄妙秘密天机生死之根本，辑录成册，望同道侣友共成证果。

余略言几句粗浅,权作非道之道,不道之处尚冀仁人志道多多指教,是为序。

全真龙门派第二十一代 张至顺(号米晶子)

二零零柒年(丁亥三月初三日书)

既为师徒,我便开始把相机慢慢顶到师父的脸边了。我问道:"师父,干嘛这么辛苦不舍昼夜地传道啊?"

师父胡子一顿抖动,一声叹息。原来半个多月前一个晚上,他半夜口渴起来喝水,昏暗中不小心把一杯放了两天的蜂蜜水给喝下去。结果近三十年都没怎么生病的老爷子上吐下泻差点倒下。

道门里有规矩,一旦你参学到了一定程度,一定要把所学所得传承下去,如果实在找不到合适的弟子,也要把这些觉悟写成文字,藏于山洞或者秘密之所,等待有缘人得之。总之,薪火不能灭,否则祖师爷不答应,天谴之。

老道长当年求学求道太不容易,一张药方都要分三个地方存,所以那些毕生心血换来的感悟所得,更是揣在怀里、含在嘴里,谁也不舍得给。蜂蜜水事件之后,他彻底给惊了一下,害怕自己多年感悟的道学没有传下去,辜负了祖训。

所以,那天他和小慧师兄一起散步的时候,忽然想起那位拜师三十多年却一直没有好好亲近传道的萧道长来。

"那师父,您为什么要从终南山不远千里,跑到海南来啊?"

守时回光

"嗨"老道长似笑非笑看着我,"祖师爷安排,让我在海南,等一个姓萧的,还有一个姓黄的人。"

# 字里藏道

听说我寻访到一位百岁老道医,徐文兵兄立刻请求引见。中医源于道家,他自然对道医也一样亲近。

几十年不给人看病的老道长,见来了一位热爱《黄帝内经》的中医,兴致也极高,一激动,好多关于中医的记忆又都回来了。

我记录了一段老道长和徐文兵医生的对话。他们讨论了关于"神"的话题,关于八部金刚功为什么能治病,老道长还出了一道考题:什么是干姜?干姜可以走几个经?

老道长小时候因为家贫,曾经乞讨为生,更没钱上学。十三四岁他在一所小学校打工做饭,每天早早把手上的活做完,搬一条板凳坐教室外听课,这样算是完成了启蒙教育。十七岁入道门后,他开始跟着师父诵读经文。现在他认识的大部分字,都是读经学来的。

有一年在崂山,老道长打坐时忽然悟出"體"和"腳"字的内涵,从道家的阴阳五行角度,读懂了汉字里的奥秘。现在不管什么字摆在面前,即便不认得,他也知道是什么意思,说明了什么道理。

老道长与徐文兵医生对谈

知 遇

他还学会查《康熙字典》和《道藏》,"道祖爷早就把所有答案都写在道藏里了。"

徐文兵医生来见老道长时,专门带了自己写的几本书作为礼物,其中《字里藏医》引起老道长浓厚的兴趣,他用了一晚时间看完了。第二天一早,老道长认认真真地搬了一张椅子坐在黑板前,等着徐文兵讲解几个字。

"你就说说《字里藏医》的'醫'字吧?你不要写连笔啊,我也只认识繁体字,很多字我都不记得啦。"老道长笑眯眯地叮嘱。

当时我用视频记录了这一医一道交流的过程。剪辑这段视频的时候,看见近百岁的老道长站起身为徐文兵医生擦黑板的谦和态度,看见他拿着小本子记笔记的好学样子,心里一阵莫名感动。

徐文兵讲解了一个"醫"字之后,老道长用道家的阴阳思想也分享了一遍。徐兄惊了一身汗,惊呼原来"字里藏道"!然后转过头,很感叹地说:"老道长也许不认字,但是识字。也就是说很多字怎么读写他不一定知道,但是只要他看了汉字的繁体字,就能从字的象形组合、阴阳结构里,明白这个字所蕴含的道理和含义。"

"医道通仙道,传统中医是从道里面出来的。"和徐文兵的交流,让老道长回想起自己几十年前的行医经历,想起当年学医时和学习针灸时的七位道家师父。

"既然你们都在为中医努力,那我们就来一次中医聚会吧!我把自己还记得的中医经验毫不保留地传给大家。大家也开诚布公，把自己掌握的临床治疗的绝活都拿出来，互相交流传授。一个人学会十个人的本事，那中医就一定不会没落！"老道长殷切地望着我，好像这件事早已经安排好了一样，不容我有一点犹豫。

"看病容易认病难"，老道长说一个好中医，必须首先擅用脉法，此外熟知药性。老道长认真地捋了捋长胡子，沉思道："这样吧，你请来的中医，请回答我提的一些问题。"然后，这位自称已经在几十年前把中医都扔进渭河里的老人列出了一堆的问题。

请问中医：

1. 四诊中闻诊的重点，四时平脉是什么？
2. 一息三至、四至、五至、六至、七至分别是何证？
3. 当归、党参药性如何？入何经？
4. 四物汤、四君子汤、八珍汤、十全大补汤的组成。
5. 《医林改错》《濒湖脉诀》两书有没有看过，心得。
6. 八纲、八法是什么？
7. 吐法的作用。
8. 奇经八脉是什么？

9. 八脉交会穴的作用。

10. 药物归经在打坐时候能体会到吗？

11. 五运六气的临床意义。

12. 元神和识神对中医的意义。

13. 人参、白术、川芎、黄芪的归经，药性是什么？

14. 红白痢疾的病理治疗。

15. 针灸治疗急性中毒的方法。

16. 五行学说中在中医组方中是如何应用的？何谓五行的体用化除？

17. 脉诊中缓脉的意义是什么？

18. 一年中的第五季是什么，土气在何时主气？

19. 六腑是什么？

20. 为什么古时只有十一正经？三焦经和别的经络有何不同？

21. 心和心包的区别，心脏病的认识思路。

22. 二十七脉的名称、意义。

23. 针刺的寒热温平补泻是什么？

## 夜需一寸土

2011年1月17日，应师父张至顺老道长提议，我给十二位中医及中医传播者发出首届医道会的邀请，时间是3月7、8、9日，地点海南玉蟾宫。因为纯属民间交流，我请求大家不对外发布消息，并且吃、住、行费用一律自理。

第一个回复邮件的是梁冬梁某人，很简单的三个字"我参加"。紧接着李辛医生也定下3月2日飞海口的机票，之后厚朴中医学堂的徐文兵兄、法国中医斯理维都报名参加。

因为父亲生病离世，我从2009年开始满世界寻访记录中医。我想知道一个人得了绝症，除了手术化疗，还有没有其他的选择？人一定会生病，注定要面对死亡，那么有没有让我们有尊严、少痛苦地离开的办法？

第一年的寻访着实不易。没有人认识我，他们也不知道这个叫做油麻菜的家伙到底想做什么。我自己对中医的了解也有限，跟医生们沟通起来，就像在听另一种语言。第一个拨通电话的医生就严肃地问我："你不是学医的，不懂中医，你怎么采访中医

呢？"我只能支支吾吾说："我妈妈以前是赤脚医生。"

好在我实在太想得到问题的答案，加上做记者多年的厚脸皮，以及纪录片人的耐心和坚持，再加上一些机缘，终于慢慢敲开了十几位中医的大门。

走进中医的第一年，我就发现中医老师们各自低头前行、鲜有来往，学术交流更是少之又少，看着不免遗憾。

想当年汉代张仲景"勤求古训，博采众方"；唐代孙思邈知"一事长于己者，不远千里伏膺取决"；元代朱丹溪四十岁以后游学各地，足迹遍布江苏、安徽、浙江；明朝李时珍"搜罗百氏"，走遍名山大川、穷乡僻壤，写成《本草纲目》；清代叶天士十年之内拜访17位老师，汲取各家之长，成为一代宗师。

2011年3月3日，玉蟾宫。老道长笑眯眯地站在院子里等着我，这是我3个月内第三次来到玉蟾宫。有意思，这么多3啊！

经过认真筹备，老道长期待的道家、医家学习交流会终于要开始了。对了，道家师父会给每一个弟子赐道号，老道长给我取了一个"会阳子"。这意思，他不说我也明白，主要任务是召集大家开会。

这次聚会，老道长也召来不少弟子，他希望道家和当代中医们能够好好交流学习。福建牛童宫坤道李道长和陈道长，专门为老道长做了新的道袍。大家认认真真的样子，就像是要过年。

这天老道长心情特别好，又说起之所以出终南山到海南，是老君爷安排他在这里等的。

"老君爷他老人家知道我？"上次老人家说起时，我可没当一回事。我不敢相信，这世界真的有预言这种东西。"要不是萧道长以人头担保我不是坏人，你还坚决不见呢！"

老道长好像没听见我的嘟囔，笑眯眯地说："我很早以前就写在纸张上了，不信我拿给你看！"

"我信，我信，我当然信，不过师父还是给我看看吧？"我当然更相信自己的眼睛。

老道长在书柜的抽屉一阵翻腾，可惜没找到那张道祖爷写给我的话，但是他惊喜地发现另一张字条：

海南青龙马

性烈如猛虎

日行千里外

夜需一寸土

修行秘籍？不知道为什么老道长说"夜需一寸土"的时候居然有点哽咽。好在我摄像机在手，赶紧把老道长的解读记录了下。

解读"夜需一寸土"后，老道长看着自己的几位出家弟子叹口气，"你们几个人，三十几年了，也没给我提出更多的问题，这不是要失掉我的信心吗？

你们要抓紧时间啊。"

"不要执着外相，一定要守好自己的那一寸土！如果一个人可以靠双盘腿得道，那我早就把自己捆起来了！"

过两天，我邀请的中医老师们就要陆续抵达，老道长召集弟子们讨论议题。大家决定把这次聚会叫做"道医学习会"。老道长说："我们先谈医，再论道。"

"我们不存私心，不说空话，你这一生一世治好什么病，有什么医案病例、疑难杂症都拿出来告诉大家。原来我还想给自己的徒弟保留一点单方，把一个方子分三个地方保存，现在这种想法也不存在了。都把它们公布出来，和全世界分享。"

## 半个好人

　　第一届医道会即将开幕,张至顺道长把弟子们召集到眼前,说要统一一下思想,那感觉就像一个纪录片导演,开机前向摄制组强调拍摄主题、拍摄计划。

　　早年求道学医的路太难了,别说遇见一个高明人赶紧求教,就是一本好书到手,也赶紧摘抄下来,点点滴滴生怕错过。因为不易,所以珍惜。老道长藏着掖着几十年后,终于决定敞开自己,因此热情也特别高,一有时间,就想和弟子们分享点什么。

　　"今天我把天地阴阳五行思想跟大家说说,关于人的生命这是小的,大的关于一个乡一个县一个市,再往大,就是全国、全世界,我们都是同一个天地生的,在同一个日月下。"老道爷说人生虽小,却暗合天地。天有什么,地有什么,人有什么。

　　有意无意间,他把昨天说的"一寸土",又悄悄地解读给弟子们。

　　清晨,张道长指导大家练起了八部金刚功,他强调学会八部金刚功也是这次医道会聚会的任务之一。老道长练了七十年的金刚

守时回光

长寿功，得益颇多，所以希望后辈也都有一副好身板，不管是修行的，还是当医生的，每个人都该健健康康。道长兴致有多高，看他腿踢多高就知道了。

医生们才到两三个呢，老道长关于中医的话题已经刹不住了。如七尺身体不如一尺之面，一尺之面不如三寸之鼻，三寸之鼻不如一点心……

当年只要有人求医，就算远在一两百里，老道长都会赶去给人治病，而且从不收钱。"你有钱，对不起，请到医院去，我只给穷人看病。"

在座的人深受感动，老道长真是好医生，好有德啊。可是，慢慢回忆起中医的老道长，开始严肃起来了，扔出几个关于脉法的考题，把在座的医生考得满头大汗。

老人家学的是李时珍的"濒湖脉诀"。"学脉法，要在晚上学……三次、五次、十次，反复看，先把脉诀背会。趁现在年轻，赶紧学，学了为人民服务，也为自己服务，生活富裕，也需要医术。"

"我们中国只有三个半好人。哪三个半？第一是父母亲。第二个是小学老师，他打你骂你，都是盼望你学好。第三个就是医生，你病得再重，他都不在乎，只想你快点好起来。那么还有个半好人是谁啊？"当所有人把眼睛投向老道长的时候，他捋捋胡子，笑眯眯地说："那就是，和尚道人。"

"师父，您又是中医又是道人，是一个半好人。"谁说我数学不好来着？

参加医道会的大部分人已到达,老道长专程到大门外迎候。一想到中医和道法可以通过一群优秀的人传得更远,老道长的表情比平时更放松了。

参会的人里,除了中医之外,还有一位中医铁粉——梁冬梁某人。听说梁某人一直致力传播国学,尤其热爱中医,老道长喜出望外。

按照议程,开场时大家要自我介绍,再说说自己心目中的好中医,应该是怎样的。

"我叫梁冬,之前我在一家电视台工作,一个很偶然的机会接触到一本书,刘力红老师的《思考中医》。那时候我什么也不懂,却突然之间发现中医是那么有趣,然后就冒出一个很肤浅的想法:要是能学中医多好!"

我寻访中医,跟梁某人大有关系。他和徐文兵兄的"重新发现中医太美"节目,对我走近中医、了解中医有很大的帮助。也正是通过梁某人,我又认识了徐文兵、郭生白等中医老师。

"后来我有幸拜于广州的邓铁涛老中医门下,邓老说你都这么大了就不要学中医了,认真传播中医吧!所以我就按照师父的指引,开始做传播中医的工作。从前年开始,我在很多电视台、电台同时开始做一个叫"国学堂"的节目,采访各路老师,今天到这里也是跟这个机缘有关。"

梁某人在会议开始的那个凌晨赶到玉蟾宫,是第一个作自我介绍的嘉宾。虽然旅途疲惫,但他一脸兴奋。"我认为做一个好医生,第一要做到心中无畏,没有恐惧,只有具备这种无畏精神,才能压得住病魔。第二个条件,我认为是无私。当一个人不以个人为中心,只为别人着想而做事的时候,他才能产生定

和慧，这时候他可以聚集天底下的能量，就会如有神助。"

一向低调的李辛医生这次也振奋了起来。他回忆起自己中医学院毕业后没有机会进医院，于是当了两年老师，之后在经营中医的公司工作了七八年，直到2002年他才开始成为纯粹的中医："不过，到现在还有点不习惯，因为要收钱。希望有一天能够以不要收钱的方式来生活，来看病。"

"一个好医生，第一重要的是要有一颗希望病人好的心，这点特别重要。因为医生不仅是一个技术手段的执行者。如果有一个人，肯定要死了，无药可治，也没有方法帮助他，那你怎么办？你可以安慰他，让他安心，我认为医生在这

知 遇

方面的作用要比技术更为重要。但是现在不管中医还是西医，技术占据了重要部分。"

"第二，中医是有传承的，好的中医应该把自己作为一个环节，学好中医，再把它传承下去。第三，按照《黄帝内经》的说法，中医很重要是治神，看病就像打仗，所以思路一定要清晰。再有中医要无畏，也只有无畏，不害怕，你的思路才清晰。"

来自法国的斯理维说一口流利的中文，作为唯一受邀的外国人，她非常开心。从21岁开始，斯理维在法国学习了四年的针灸，之后又师从雅克老师……她希望可以在全世界推广针灸无国界活动，借助针灸帮助世界上贫困地区的病人。

"一个好医生最需要具备的是慈悲心，不管什么病人，即使你治不了，但是你具备了慈悲心，你就能帮助他减轻痛苦。"

"我叫张至顺，道号'米晶子'，还有一个外号叫'九曲回阳道人'，还有几个绰号'草上飞'、'水上漂'，也有人叫我'八卦神仙'。"老道长也来了兴致。"医生医生，就是要治病救人、拯救生命。"

"关于脉理，你们全不及格啊！要下决心下功夫。做一个好中医很难，要熟悉脉理，会辨病，还要对药性熟悉……仅知道汤头，会背几百首，会什么加减，还不行，这只能治简单的病。因为病是千变万化的，会伪装的……"

一说到治病救人，宣称再也不看病的老道长，不自觉又认真起来了："我是按照脉理来看病的，很多人病长在身上都不知道。"在他眼里，病，除了阳病，还有阴病，这时候，老道长还传了一招。

老道长尤其推荐王清任的《医林改错》，书里面的三十几个方子他全都反复验证过，疗效极佳。听他滔滔不绝聊起中医的时候，我都很怀疑，这是没上过学的人看的书说的话吗？

# 苏武牧羊

参加医道会的医生中,也有不少隐士。终于有机会遇见一位来自终南山的老道人,大家都不愿意放过请教的机会。而感觉自己差点愧对祖师爷的老道长,也难得遇见一群优秀的学生,这次终于不再保守了。

上海的杨兄,抱着厚厚的《辅行诀脏腑用药法要》专门来请教老道长,说是里面有一些读不懂的地方。

"你们连这几句普通话都不懂啊",老道长笑得都有点不好意思了,"这不就是五行图,我画的那个比这清楚"。

修行和中医对我来说都还太高远,我唯独羡慕老先生百岁高龄,看书竟然毫不费力,无需眼镜。

参加医道会的还有一位年轻针灸医生陈成,三十出头文雅脱俗,随身背着一支箫。会间休息,我请陈成医生即兴吹箫一曲,把张老道长的情绪给调动起来,他乐呵呵地哼起了《苏武牧羊》。

我听小慧师兄说过,老道长下中国象棋水准一流,鲜有对手。没想到他也吹得一口好箫,而且擅长制箫。二十年前在湖南张家

界，萧道长听老道长的一曲《苏武牧羊》，感动得掉下眼泪。

苏武留胡节不辱，

雪地与冰天，穷困十九年。

悠远的箫音，苍老的歌声，我眼前隐约看见在云舒云卷的终南山里，一个瘦小的身影，静默地在八卦顶上守望着一个古老的梦想——一个绵延五千年的中国人的神仙梦，"历尽难中难，心比铁石坚。"

我问老道长：一个人入了道家，还可以再入别的宗教吗？

老道长笑眯眯地说：可以啊，我们道家只是小学，喜欢学习的人可以继续上中学、大学。

我又问：现在道家似乎越来越寂寞，了解它的人好像越来越少了。

老道长又笑了：你看山上的蘑菇多，还是灵芝多？海里的鱼虾多，还是"龙"多？

知 遇

终南山中的日子一天天过去，日升月落，悠然平静。

心愿

## 速速回山

2011年8月27日，没想到这么快就再次走上通往八卦顶的林间小路。崎岖陡峭的山路边挂满了野核桃、五味子、八月札、毛栗子，要不是赶路，我非把嘴巴吃歪了不可。

李辛师兄从终南山发来消息，说师父要提前下山，参加海南的论道会。他说："师父说这几天要传大家一个治疗疑难杂症的方子、一个道家按摩推拿的手法，再讲解一遍《清静经》，让你速速回山。"

李辛师兄见过老道长后就决心用至少三年时间追随老道长，认真修行，给自己好好充电，做一个"知道"的中医。此番他们夫妇进山陪伴老道长，已经待了快一个月。

"现在山里没有采药人往来，非常清静。师父种的土豆、生菜、胡萝卜和四季豆都收成了，你再不来我们就把它们吃完啦！"

记得老道长说过宝鸡药铺里四百多种药只有几种没有在终南山见过，他一生的采药制药本事也很想找一个传人。为此我专门邀约了中药师崔丛之一同进山。崔兄为人恳切，采制中药更是一

把好手。

刚下了一周的雨,山路有些湿滑,登山难度远远超出了崔兄的想象。他说爬第一个大坡的时候都有点措手不及。我的不厚道又跑出来了,笑话他上山前声称自己身子骨强劲,还一再要求多背一条毯子上山给老道长。

这条路我虽然只走过一趟,却再熟悉不过了。为了编辑纪录片《南山隐修人》,好长一段时间我天天坐在昏暗的机房里,一遍又一遍快进快退地游荡在这条通往八卦顶的蜿蜒小路上。我记得大家在路上说的每一句话,休息时坐在哪块石头上……

李辛说,午饭后他们正准备休息,老道长忽然喊他:"该下山去接人啦!"果然没走出五百米就见到我们了。

老道长依旧满面春风、神清气爽,他穿着一身满是补丁的蓝衣裤,白胡子在山风里飘扬。老道长说,我们上次离开以后,他就一直忙着看书,读了两个月,又有不少新觉悟。一百岁的人还这么努力,听了都让人汗颜。

嗨,小东西,不认识我吧?我可认识你们的妈妈"草上飞"呢!

据李辛兄说他们在山上这二十多天,都只吃早晚两顿饭,因为平日都静坐、睡觉、看书,不太消耗体力,所以也不觉得饿。"今天开始变成三顿",小慧笑眯眯地宣布,"要不然我们下山之前很多东西吃不完。"

老道长的说法有点不一样:"人家黄剑他们习惯吃三顿饭,你就做三顿。"

不知道谁在后头小声嘟囔一句:"师父就是偏心!"

三个月前"草上飞"生了三只小猫,小灰猫、小黄猫和小花猫,都还没断奶呢。

稍微接近一点,"草上飞"就一脸凶狠地盯着我。

据小慧说,这位妈妈非常强悍,为了养活自己的三个孩子,每天晚上加班加点,累计抓了3只鸟、4只松鼠、5只大土鼠。

开饭啦!脸盆里装着用山泉水清洗过的新鲜春菜,沾着面酱吃是老道长的最爱。今年山里种出的菜多:胡萝卜、春菜、白菜、四季豆、土豆、北瓜等。

老道长说这几十年来他尝试种植很多作物，甚至苦荞麦，但从没种活过黄瓜、青瓜、辣椒、红薯、玉米和小麦。

餐后吃小甜点的时候，大伙儿聊起前阵子山里来了一个17岁的孩子，据说是看了我的文章之后，自己一路找进山来的。他先是在宝鸡打探，之后跑到太白山，最后辗转摸到了八卦顶。因为不过纯属好奇，大家招待他之后，很快就请他下山去了。

小慧师兄说其实每年都会有一两个慕名求道者找到八卦顶，师父也曾动过

院子正晒着萝卜干，萝卜叶挂在晒衣服的铁丝上，晒干后做成腌菜，这些都是为明年留的菜。

今年土豆丰收，吃土豆的办法也丰富，不过这锅一定是最奢侈的一道菜：油炸土豆饼！

心收留他们作为弟子。可惜求道的路太辛苦寂寞，这么多年来没有一个能够坚持下来。

"千万不要把进山的路线告诉陌生人了，师父心地太好，对每一个来求道的人都很用心，结果总是既浪费了时间，又伤了心。"

## 藏风聚气

"黄师兄,前不久关道长也拜师了,现在也是我们的师兄了。"清晨,小慧笑眯眯地端着脸盆告诉我。

关道长原先的师父,是张至顺道长的徒孙,所以她要称老道长为师太。在道门里,辈分还是要讲的。这次跟随老道爷进山三个月,关道长做事做人都很得老道爷喜爱,破例收为徒弟。

"哎呀,你说她这样连升三级,回去她见到原来的师父",我数学不好,想到这画面忽然有点算不过来辈分。

"师父是关师兄的传道师,她见到自己先前的师父还是叫师父,那是恩师,辈分不能乱。"小慧师兄最贴心了,道门规矩基本都是她教我的。"在道门里,同辈之间,都叫师兄。有时候辈分差得远了,超过三辈以上算不清的,也叫师兄。如果彼此不认识,相互间尊称就叫爷。很多人见到师父,就称张爷,也是可以的。"

小慧师兄还说,出家年纪大的老修行见年纪小的可以称"小道友",小的见年纪大的尊"老修行",特别尊敬的会说"老修行慈悲",还要顶礼。

心 愿

"黄剑快来快来！"早饭后我正四处神魂游荡，老道长喊住我，"赶紧把这云雾拍下来！"一大团云雾正从西南方向呼突突冲着我们的小木屋涌来，就要撞上屋前的松柏，山雾又分列为两队左右包抄，绕过木屋后又汇拢一处，顺着屋后的林间小道藏进密林里。这一切都发生在几分钟之内，好像电视剧里面的画面，只不过电视剧里的是黑雾。

"这些雾来得特别快，最快的时候几秒钟就过来了！"李辛他们很兴奋地说，这一个月来每天都能看见。"这就是藏风聚气的地方！"老道长站在树下压低声音地对我说，"我想找这样一个地方想太多年了，直到这一带的山头全

跑遍后，才找到现在这地方！"五十年前老道长躲进深山种草药，顺便在这一带大山里寻找属于自己的宝地。

选好位置之后老道长才知道当地村民称这里是八卦顶，"太巧了啊，我以前有个绰号就叫'八卦神仙'，这一切都是安排好的。"

下图的这棵松树，是老道长 50 年前种下的，现在都快有人腰身那么粗了。松树，在道家眼里也是"仙树"，松针，被称作"仙人粮"。难怪每天晚上只要天气好，老道长都在树下静坐。

八卦顶上只有两个住处：一是老道长住的小木屋；另一个是木屋西头的一

心　愿

有腰身般粗壮的松树

心 愿

间土屋老庙,那是老道长侄儿追随他学道时盖的。天长日久,土屋开裂得厉害,近山一侧的外墙基本垮了。

这次进山,李辛夫妇选择住在土屋里灶台边,看他们蹲在破庙门口刷牙洗菜,特别像小品里的画面。崔医师住在土屋的阁楼,据说他辗转的动作大一点,就会弄出一把老鼠屎雨洒在楼下人的身上。

老道长安排我住在他屋子里的两个大木箱上。记得那些1998年的面粉吗?就在我身下的柜子里窝着呢。木箱虽然有点晃,但周围干干净净,已经是深山里最高的礼遇了。

和老道长住在一屋?真担心会扰了他老人家的清修。"没事的,"小慧师

兄安慰我,"师父反正也不怎么睡觉,而且晚上都在外边坐着。"

那边正在扫地的老道长也听见我们的对话:"放心睡你的觉,你想吵我还没那本事。"

临睡前,老道长再次叮咛:"你现在年轻气力足,但是千万要省着不要消散完了,为什么年老人有病?因为他的气血不够了。"

哎呀,我说:"师父,你这意思,我到底能不能睡啊?"

"师父,修行到底是为了什么,就为了一个好身体吗?"我举着摄像机跟老道长聊天,在他心里摄像机就是我,我就是摄像机,再无芥蒂。

"我知道你是一直不相信有神仙的,至少在认识我之前。"老道长微笑地

守时回光

看着我。

在亲手种的 50 岁的松树下,老道长又交代我一个重要任务:把道家按摩手法记录下来。

这些方法是几十年前老道长跟武当山的一位老道长学的。当时他已经擅长针灸,所以那位道长教了一遍,他就明白了。

李辛师兄再次奋不顾身当起了模特。其实在后来很长的日子里,每当我看一遍视频素材,就打心眼里羡慕他一次,感觉老道长又为他调理了一遍身体。一百岁老修行的手,谁有这种福气?

剪辑这段录像时,我的脑海里总是闪过弗拉基米尔·霍洛维茨演奏舒曼《童年即景》时的画面,八十多岁的老先生像石头一样安坐,手指轻抬,音乐从他指缝间如山泉一样汩汩流淌。

之前我曾经剪辑过一版老道长的道家按摩,大部分流程都有,但是过于精简快节奏了。后来重新剪辑,基本保留老道长原有的手法和节奏,最大可能地还原现场,希望对大家有帮助。

## 今夜星光灿烂

　　傍晚六点，太阳落到拜斗台背后，"草上飞"的眼睛开始亮起来。

　　七点，老道长和小慧师兄他们已洗漱完毕，回到各自屋里休息。其他人也都乖乖窝进危房。夜色里只剩下我一个游魂，坐在门前抱着相机发呆。晚上七点就休息？我实在想不起来这种事上一次是发生在什么时候。磨磨蹭蹭，到七点半，我一跺脚，只好进屋。

　　老道长披着一件蓝色大衣卧在床上，听不见一丝呼吸声。怎么这么静啊，没有时钟的嘀嗒声，没有溪流的哗哗声，就连蒙着塑料布的窗都没有一丝风响。不知不觉中我睡着了。

　　隐隐约约，听见屋外有人说话，迷迷糊糊中，我好像看见老道长的身影在手电光里晃过。有那么一下子，我好像被电着了，猛然想起李辛兄说在山里每天晚上他们都是要在屋外静坐，他还提醒我要多带厚衣服来着。

　　黑暗中我摸摸索索着套上拖鞋，摸到我亲爱的摄像机和相机。

守时回光

无论何时，它们总在我身边三米之内，说起来更像是我的修行。

"吱呀"推开大门，一张缀满繁星的大幕挂在眼前。"今夜星光灿烂""我愿化作漫天的星星，好用千万只眼睛来看你""昨夜的星辰已坠落"……好多的声音和画面，在打开门的那一刹，都随着这满天星光扑面而来。

安抚好我那被星光激荡的心，眼睛也渐渐适应了身边的黑暗。老道长和各位师兄们都在星光下静坐呢。这感觉好奇怪，大家都加班加点，唯独我呼呼大睡。

认识老道长有半年多了吧，朝夕相处的时间多少也有一个来月，可是我从来没见过他"练功"，每天不是扫地、吃饭、读书、敬香、种菜、打拳，就是似睡非睡侧卧在床。

我深一脚浅一脚摸到李辛他们住的土屋边找了一个角度，准备拍一张大家在星光下打坐的画面。没有准备快门线、三脚架甚至豆袋，所幸有一个破土墙墩角度不错，可以把相机放在上面拍摄。

只能借助星光拍摄，我把相机感光度提高，用小光圈大景深，30秒的长时间曝光来拍摄。摸黑操作，那相当不容易的，一路窸窸窣窣，磕磕绊绊，好在大家伙都像入定一样安静，没有人朝我扔石头。

拍完星光下的静坐，我赶紧装模作样摸回大伙身边，在小慧师兄旁找了一个有垫的板凳坐下。晃晃身体，坐稳当了。

看着树梢屋顶都挂满星星，我又忍不住把食指轻轻搭在相机快门上了，这时候太适合拍星轨了。可是没有快门线和脚架，用手指长时间一动不动按住 B 门拍摄，没有强大的定力是做不到的。一点点的心念波动，都会导致拍摄失败。

快门开启，屏息凝神五分钟、十分钟、二十分钟……思绪开始飞翔，我想象着成千上万点星光正呼啸着穿过漫漫夜空，水一样涌入我脚边这枚小小的镜头里，然后藏在一块黑色的叫做 CCD 的魔板中。地球不停地在旋转，迟到的光点在魔板上排成长队。

空气中的湿气越来越重，屋檐聚集了太多的露水之后开始滴水，滴滴答答。此时听见菜地里"草上飞"一声嗷叫，紧接着就见三个小身影箭一般蹿了过去。

夜凉如水，在东边不远的树影下，老道长瘦小的身影依旧执拗地坐在黑暗里。我的嘴角忽然微笑起来：此时此刻，在这茫茫终南山里，原来不只是这台被寒夜冻得冰冷的相机在"收集"着黑夜的信息。

大约用了近一小时曝光星轨之后，我冒着被骂危险，举起了我的头灯，对着树下老道长的侧脸补了两秒钟的光。这两秒钟里，我心里呼喊了无数遍，"苍天啊大地，不要移动啊，不要骂我。"

跟老道长静坐几次后，我发现一个秘密：有月亮的晚上，老道长会跟着月亮的位移而不断调整方向。

凌晨五点，老道长依旧端坐在自己五十年前种的那棵松树下，静默地守望着东方。

心 愿

守时回光

老道长说，像我这样打酱油的菜鸟初学者，能够每天舍得安安静静半小时，停下来、坐下来陪自己观自己，就很好了。

关于姿势，除了保持你的腰背顺直外，老道长没有给我提任何要求，坐得舒舒服服最要紧，一种姿势长时间坐着反而不好，气血不通。躺着卧着在椅子上坐着都不重要，身体舒服了心才安宁。

关于呼吸，依旧没有要求，无为而已，重要的是举止坐卧要时时刻刻专注、守神。"大道就是这么简单，大道就是因为太简单了，所以没有人相信。"

## 七枝灵

  八卦顶屋前的三棵杉树苗长大了，树冠挤在了一起。老道长让李辛、崔药师等几个壮年男子把中间的那棵移开，好让树生长得更自在些。到后来，我也加入，可都四个人了，还没挖出这棵小树，把老道长看得心焦。

  老道长手套一戴，抡起锄头亲自上战场，三下五除二搞定。我远离一百岁漫漫征程，还真想象不出那时候会是啥样，但多半没有这样的力气和利索劲。

  "还是师父厉害，脑子好用、聪明，我们四个人不是没力气，是不会用锄头，只有笨力气。"我习惯性无底线赞美再拐弯问问题，"师父，只有够聪明有悟性的人才可能得道吧？"

  "学道人不要太聪明"，他挥动着锄头，看也不看我一眼，"不过这都是聪明人说的话。"

  老道长放下锄头，胡子在风中飘荡："这次在山里我把带来的书都通读了几遍，《黄庭内景经》我读了七遍。"

  读书收获不小，他可开心了。"秘密这两个字，我是十天前

心愿

才真正搞明白。""秘密就是先后天之密,其实还是没说清楚。固守山根,这密字底下可有一个山。"

"我想去北京大学听听课,最好能有两个礼拜,我好想知道现在的大学都在教什么。我还有一点钱,可以交学费的。"老道长已经不止一次跟我提到他的心愿了,这个小时候一边为学校做饭一边跟读不到两年的出家人,对中国的最高学府心生向往。

"我是一个大师傅！"老道长一高兴，又哼着小曲亲自下厨要为我们再做一顿陕西小吃——搅团。做这顿玉米糊可是体力活，需要拿着一根木棍不停地在大锅里搅啊搅。虽是一百岁的老人，动起手来却让身强力壮的屠兄都自叹不如。"为了学道，我在烽火台给师父做了十七年的饭！"

劳动是老道长生活的重要组成部分，"一日不作，一日不食"，这不是纪律，这是呼吸一样自然的生活，我每天随手都能拍到。

菜园子边，老道长挖到一株草，拿在手里看了好一阵子，"这是重楼，也叫七叶一枝花，是一味好药！"他一脸慎重，"你们几个过来，我教你们一个方子。"

"我有个绝方，叫七枝灵。一个是七叶一枝花，一个是纽子七，一个是灵芝，就是这三个东西，组织了这个方子。"

老道长说"纽子七是三个叶，三个叶归肝脏，肝也是三个叶。纽子七是从上往下长，从天往地下长，能长二三十年，三十年它就结三十个东西，往下长。"

"那个七叶一枝花，它是一个杆杆上面七个叶，七叶分七派，在人身上对应的是肺脏。一枝花是从底下往上，跟人脊骨是一样，一节一节往上长，它的药名就叫重楼，实际上也能长二三十年。一枝花有个独杆杆，它结个苞苞，就像心脏。它上面有七个叶，七个叶有七个须，上通七窍。"

"我就是从这两个东西，配成了一个单方。根据道学里头的研究，我在方子里又加了一个灵芝。"

按照李辛兄的理解，老道长的七枝灵适合去血分中的热（中医所说的血分，指的是深层、靠近有形层次的病位），比如高血脂、肝病、妇科肿瘤。

"秦地无闲草"，李辛兄随手拔了一株蒲公英，对我说，今天拿它熬汤吧，这个适合你。

和老道长同屋，让我有足够时间在他身边探头探脑，满足各种好奇心。在

"秦地无闲草"。李兄看我刚爬上山辛苦,顺手拔了几株蒲公英说要给我熬汤喝,去去火。

睡觉用的柜子旁,我就发现了老道长的好几份早期证件。

当年老道长送走九十老母亲后,继续走自己的路。这条路真是漫长寂寞,不仅当年的同门师兄都已经"走光",云游求道路上认识的道友们也伶仃凋落。2012 年,他的结拜兄弟大连龙华宫的张礼矩道长离世,时年 96 岁。

"现在只剩一个人,师父见到了会一起喝上两杯的。"小慧师兄说那人叫王官亭,八十多岁了,是老道长的一位好朋友,住在咸阳。

## 常清静

终南山中的日子一天天过去,日升月落,悠然平静。

每天子时、寅时,只要天气许可,师父必在树下静坐。他说子时开天,丑时开地,那是混沌时候,日月交换,寅时万物发生。

累了,他就蜷成一团卧睡,轻巧柔软,无声无息。

一日三餐,虽然素食清淡,但老道长可是大厨出身,且他对食物无比珍惜的态度,让一切变得有滋有味。

知道老道长能吹箫制箫,聪明如我,这次进山就专门带了一根竹子,请老道长亲手制作一根箫作为传家宝,世代流传。

每天清晨,老道长会带领大家练习八部金刚功和八部长寿功。之前,他主要指导我们练习八部金刚功,说对养生有帮助。

此次老道长召我进山,有三个任务:一个是记录道家按摩术;二是学习他用道家思想琢磨出来的药方七枝灵;三是记录他解读《太上老君说常清静经》里面水精子注解。

老道长说计划用两天时间来解读,能讲多少就讲多少。

老道长每说起《清静经》,总是一脸欢喜,美美的样子。"历

朝历代各位真人祖师写的经典很多,老君爷注了《清静经》,整本书,说的就是'清静'两字。你看'清'字右边,上面是个主人,下面是个月亮。"

老道长一再强调:好好吃饭,好好睡觉,平常心就是大道!"人能常清静,天地悉皆归"。

老道长说,人都没做好,就别想什么做神仙的事了。他还说,如果打坐能成为神仙,那么满世界都是神仙了。

　　在终南山八卦顶，聆听一位一百岁的白胡子老爷爷讲中国古老神秘的道家文化，是一次人生奇遇。我感觉自己就像那个无心上课的爱丽丝，看到一只戴怀表的兔子先生而不小心进入到奇幻梦乡，结识一群神奇的朋友。唯一不同的是，梦境里，我遇见的是一位老师，不小心又开始上课了。

　　"时间是宝贵的，光阴不能错过，我们说一寸光阴一寸金，寸金难买寸光阴。寸金失去有处找，光阴一去无处寻。"我的师父现在就坐在对面，白胡子一抖一抖地看着我的眼睛，"光阴，光是什么？为什么光有光阴，没有光阳？"

他用粉笔在黑板上写了两个字，"'炗、陰'这两个字认得？这个'陰'是什么？为什么读作'阴'？这个'陰'是打哪儿出来的？这个'炗'又是从哪儿出来的？没有火哪来的光？没有火什么是光？"老道长怎么这么多问题啊？一百岁的人，脑袋还转个不停。

"现在全国全世界有道的人都到山里头不出来，就剩我这没有道的人，'一瓶子不满，半瓶子咣当'，还夸奖自己能行，能行什么？记一个'贪利必死，好名必亡'。你图名图利，你非死到这个名利上不可。"

"我没有开口跟谁要过一分钱，为什么呢？不求人，在困难中间站得直杠杠的。有些人问：'哎，张道长，有没有困难？''我哪有困难呀？我到困难中间必然要提高自己的勇气，饿死不求人，我就有这个决心。'"

"我过去都饿死过。到人家家里，人问你吃了没有？我心里说你问这一句话，你是不叫我吃。你正在吃饭的时候可以说，哎，你来了，坐下吃吧。你问人家'你吃了吗？'我就答，'哦，我吃过了，你们吃饭呢，我就出去转一转。'"

"实际上六天了，我没有吃一点东西，人家吃那个白馍这么大，面这么好，你说你不想吃吗？是不是？但是饿死也不吃你那一顿饭，吃你那一顿也解决不了呀。这就回去走到路上饿昏了，这就算是饿死了。可是没死，碰见一个老人把我背回去烧一些开水，灌一灌这么又活了，一活活到现在。"

心　愿

"人生就是在困难中间活下来的。"

《清静经》，总共五百九十一个字，是道教重要指导思想。"大道无形""道法自然"，经文不讲有为的修养方法，而是要人从心下手，以"清静"法门去澄心遣欲，参悟大道。

"天外有天，人外有人，无论是医学，还是道学，大家可不要认为我高。骄傲使不得，骄傲会让你失去大智慧，我也吃过骄傲的亏。当然，学了七十年的功夫，多少对道学知道点。"

"道家三千六百旁门，佛教八万四千旁门。旁门里头也有成道的，人家的心正，人家有根基，人家是天给的……但凡心不正，就是正法也有走错的人，是不是？《道德经》有多人解释，一个人一个样子，一个人一个解释，都是他们各自的理解。"

老道长说整部经，其实只讲了"清静"两字。可是这两个字，他两天都没讲完。老道长只能一声叹息："我们交流道学，也交流中医，但是时间不够啊，我恨不得把肚里的东西都挖出来，挖空，递给你们，但是没有时间了。"

准备下山去了，师父带领大家把八卦顶小屋认认真真又收拾一遍。

山顶上，临别，老道长认认真真地祭拜每一位祖师爷。

从5月19日到9月1日，三个多月的隐士生活结束啦，老道长挂着被他用得光滑锃亮的老鸡翅木拐棍，带领我们一起下山。短短三个多月，发生好多事，把我的心装得满满的。

经过一片开阔地时，老道长指着满地的大黄说："这些都是我四五十年前躲进山里时种的药材，后来再没管它们，都变成野生的了。"

时间快得吓人，从拜见老道长至今，只不过 9 个月时间，我怎么感觉已经和老道长认识了一辈子。

休息的时候，老道长感叹一句："真的是年纪大了，感觉有点累了，也不知道下一次，还能不能再爬到山顶！"

心愿

在老道长最后的五年时光里，我追随记录了他二十几次，跟着老道长走进中国传统文化最隐秘的后花园。

## 字字千金

在八卦顶，师父张至顺道长说起自己剩下的时间已经不到十年，在完成一个心愿之后就要退隐，用心修行。"光阴快得很，你不要以为你们年轻，一转眼就老了。"

老人家的心愿，是把他毕生所学所得整理成册，以《炁体源流》《米晶子济世良方》《八部金刚功 八部长寿功》出版传世。老道长说，这些内容，都不是他写的，是祖师爷或者前辈高人的经验，他自己身体力行，亲力亲为印证过真实不虚的宝贝。

在老道长看来，这世界上没啥新鲜事，所以，人不要自以为是。但是这次为什么出书呢，因为各个祖师爷说话都很含蓄，神龙见首不见尾，千百年来各执一端。

老道长有幸看过这些经典，也亲身有过很多体悟，所以，只是把那些他认为特别重要的内容，整理出来。希望可以帮上后来人。他说，祖师爷们已经都说得明明白白，所以书里面不要添一个"他"的文字，顶多是在旁边注上，"要多多看，重点看"。

为了完成老道长心愿，李辛、屠兄、光明丫在离开八卦顶三

个月之后,又重新回到海南玉蟾宫,为出书做各种准备。

他们在王奎一师兄、小慧师兄、文中子、玄英子、金钟子和深圳道友张先生的帮助下,前后花了一年半的时间,把《炁体源流》整理成电子版,再逐字逐句对应《道藏》反复校对。

"因为是摘抄,有很多段落是跳跃性的几句,搜索起来很难,经常一句话要找一堆书。还有很多图稿老道长当时没有办法复制,我们也都尽量补充上了"。在海南玉蟾宫住了一个月,刚完成三校的光明丫说:"现在《炁体源流》只剩下两个大的段落没有找到出处。"

就在玉蟾宫老道长的住处,有一套完整的《道藏》,给大家校对资料带来极大方便。"我们是作为《道藏》的文盲开始校对的。"不过,他们扫盲成功后,竟然发现了《道藏》里还有不少错误呢。

为实现老道长的心愿,李辛、光明丫等人历时一年半,六校《炁体源流》,付出了大量的精神和时间。在不停地翻阅《道藏》后,李辛还发现了一个秘密,"原来武侠小说里的大师们都隐身在《道藏》里啊!"

老道长说起将来的书的模样,还特意要求做得精致一点。这位没上过学的读书人说:"书精致了,人就不会舍得乱丢,看得也会更认真一点。"

站在门外,看着老道长静静读书的样子,总是有很多感慨。

当然,我一直感慨的是:这一百岁的老先生,怎么做到眼不花耳不聋,看书不戴老花镜的?

## 南山隐修人

后来，我把追随师父张至顺道长终南山的隐士生活故事，拍摄并制作成纪录片《南山隐修人》。整部片子，从拍摄、剪辑、音乐到字幕，都是我独立完成的。我一字一字听、打老道长的每一句话，反反复复剪辑画面内容，以至于只要听见老道长说上句话，我一定知道下句话说什么，那时候他在做什么，什么表情，一切细节，都深深刻在脑海里。

通过拍摄纪录片的方式跟着老道长学习，另辟蹊径，真是个绝佳的主意。影像记录，让我把这段美好时光都原汁原味地封存起来。老道长的言传身教，更是一回头，就能"望"得见了。

我是个记录者，记录的是时间的故事，不管这个故事的结局如何，我只要认认真真、诚诚恳恳地把这一切，记下来，如是我闻就好。

守望

# 金銮山寻祖

2011年12月11日，我到湖北十堰拜访任之堂主人后，专程探访了几十公里外的郧西县夹河镇。老道长张至顺道长一再提起，他的师爷王圆吉真人就是在那的盘龙观羽化成仙的。

近年夹河镇正在建设水库，到处移山开路拦水筑坝，王圆吉真人的坟墓所在的汉江和金钱河交汇处的金銮山也被挖开。得知此信息，老道长很不安，决定亲赴夹河镇，和当地政府协调重建王圆吉真人的坟墓和当年的盘龙观。

2011年12月29日，我再次陪同师父来到十堰。此行他有两个心愿：一是到夹河镇祭拜他的师爷王圆吉真人，二是上武当山太子坡祭拜太师爷席永贵真人。

"这地方我七十年前来过。"站在汉江水边，老道长的思绪回到好久以前，那时候江里有一艘大船，两岸各由一头绳子拽着来回牵引摆渡，还有一群光膀子纤夫在水边高喊号子。

"这是师父第五回来夹河镇了，最近的一回是2002年。"常年跟着老道长在深山苦修的小慧师兄难得出门一趟，坐在渡船

守望

守时回光

上乐得合不拢嘴。"河的对岸就是麻虎镇,有火车。"想起来了,她曾经说过将来老道长走了,她就会在这里住下,找一家道观继续修行。

正是冬季旱期,水位很低,河滩铺得很远,金銮山紧扼湖北、陕西水上交通的咽喉。自金銮山出发,顺水可达襄阳、汉口,上溯安康、汉中。由于地理位置特殊,老道长说这里是当年道士们游访武当山、华山、终南山的必经之地。

"其实我没有见过师爷,我出家的时候他已经羽化了。"老道长站在青石滩上定定地望着不远处的金銮山,"不过师爷经常在我梦里出现,还救过我好几回!"

我听老道长说起那个故事。半个世纪前,地方政府想让他还俗并提供一个乡镇镇长的职位,并让他挑选满意的女子为妻。就在被委任公职的前晚,老道长梦见黄胡子的太师爷在云端跟他说:"至顺,你再不走,就永远回不去啦!"他半夜惊坐起来,泪流满面,第二天一早逃离了陕西。

太师爷王圆吉道长正是西去访道时,独具慧眼相中金銮山,并于道光年间,筹款在金銮山修建了盘龙观。道爷在此主道六十余载,接穷济困广施善缘,先后经历了咸丰、同治、光绪等,终成道家龙门派一代宗师。

据说太师爷在羽化前一个月,就提醒弟子们自己离开的日子,好让大家回来送行。那一天,天降大雾,空中仙乐齐鸣,一切像太师爷安排好的一样,众人都惊呆了。

清宣统元年（公元1909年），王圆吉道长羽化升天，当地群众将他安葬在金銮山龙头香山脚下，并为他修建了巨型墓碑。因为修建大坝，当地镇政府于2011年8月17日，将祖师的墓地安迁在不远处的龙头香悬崖前二级马道上。

这次追随老道长一起到夹河镇祭拜王圆吉真人的人不少，萧师兄、小慧师兄，以及李辛、徐文兵、斯理维、曾道童等师兄。

王圆吉真人当年沿着金銮山兴建了盘龙观道观群，是武当山五大行宫之一。盘龙观又名"金銮宝殿"，除主殿外，还建有千级台阶、龙头香、灵官殿、藏经楼、八卦亭、雷光殿、真武殿、厢房等一整套极具规模的道教宫观。

如今，这里只残存这一座灵官庙了。在盘龙观遗址上，是一座中学教学楼和一排学生宿舍。

教学楼前还立着几块道观的残碑，乡里乡亲每逢初一、十五都会在这烧香祭拜王真人，镇上的百姓大半都信奉王真人。

"小同学们好！你们很幸福，可以有学上！"当地镇政府很热心，安排了老道长和孩子们的一个交流。面对这么多娃娃，他一定想起小时候在学校里做饭打杂的日子。因为没上过学，老道长始终认为自己是个没文化的人。

"要不是你师爷救命，一百个我也都死完了。"坐在自己师爷建的庙前，一百岁的老道长含着泪对弟子们说："我们可以把其他的庙都不要，但是不能把祖庙给废弃了，这是我们的根本，不要忘本。"

# 太子坡

有一天,我问老道长,这些年,社会上流行磕头拜出家人为师,很多人见了一面,就到处宣传自己是谁谁谁的弟子,您有遇到吗?

"怎么没有呢!现在在外面说是我弟子的人,多得很。"老先生拽了一把胡子,又笑起来,"如果你遇见了,你就问他,你的师爷叫什么?你们这一门法脉出自哪里,他要是说得出来,那就对了。"

"法脉",听上去相当高级,我赶紧拿小本子记下来。老道长十七岁在华山拜师刘明苍道长,出家成为全真龙门派第二十一代弟子。"本门法脉,出自武当山太子坡。"

离开夹河镇,老道长带领弟子们,高高兴兴地来到武当山。这两年因我引荐,老道长的门下热闹不少,尤其是多了一些颇有影响力的中医。

说到本门传承,老道长一声叹息,"可惜岁月沧桑,当年师父收徒弟十七人,香火余烬,现在只剩下我一人啦!"

听来我感觉惭愧啊,感觉自己始终是一个在老道长身边打酱

油的看客。

　　不过，我也会努力完成我的使命，好好把老道长的故事记录下来，分享出去，让人们知道，这世界，这个年代，曾经有过这么样的一个人，这样活着。

# 北京 北京

2011 年尾，北京机场。三个多小时的长途飞行之后，百岁高龄的张至顺道长依旧精神抖擞。同行的小慧师兄说："师父想着几个心愿快了，精神好得很！"

登机前，安检人员很担心老人家这把年纪还能坐飞机吗？据说老道长认认真真地说："能！怎么不能，要不我蹦几下给你们看？"

我安排老道长住在好友郭川家，那里也是我常年在北京的据点。无微不至的郭太太在我们抵达之前，早早安置好一切生活用品，地下车库还准备好一辆商务车供我们使用。

见到"考察过整个地球"的水手郭川，老道长特别高兴，因为他很想再印证一下"这世界大部分都是渺渺茫茫的大水"这话是不是真的，他说这里可是藏着一个大秘密。

在北京期间，老道长专程拜访了胡海牙老先生。胡老是中国道教协会第二任会长陈撄宁先生的弟子，比老道长小两岁。老道长回想那年陈撄宁先生当选中国道教协会会长，自己还举手投了

赞成票呢，不过那已经是五十年前的事了。

胡老因为长期为人治病，工作过度劳累（九十多岁还在看诊），身体有恙。老道长拉着他的手很感慨地说："病人是治不完的，你把心放在病人身上，最后自己也成了病人，可惜啊。"

法国的斯理维师兄给老道长送了一个巧克力圣诞老人，老道长很高兴，然后招呼弟子们一起把这块巧克力吃了。

我的朋友率真书斋的霞子夫妇专门拜访老道长。他们常年致力儒、释、道、医诸家传统文化经典的保护和传播，收集印制了大量经典善本、珍本、秘本、孤本。

这次北京之行，我们特意安排了萧启宏老师和老道长的会晤。萧老师是汉字专家。两个"识字"的人一见如故，他们交谈一小时，有半小时手是握在一起的。

多年前，老道长在山东崂山偶然间悟出"覡"和"軆"两字的深义，后来在海南天天看《道藏》才学会认字，进而学会用道家思维体系来解字，"字里藏道"，可惜多年来他一直没有遇见可以对话的知音，不能把他对字的领悟和解读传出去。

12月24日，师父在厚朴学堂的明堂教室，和厚朴中医的一、二期学生交流。老道长兴致高昂，两个多小时一直站着。徐文兵兄说一个人能够百岁动作不衰，思路清晰，精神不减，这就是神仙了！

"很重要的一点,打坐、修行,如果没有遇见老师的话,你们不要自己练,那是很危险的,修行修出来的病神仙也治不了!所以在见到好老师之前,只要安安然然地坐着,让心静下来就是最好的修行。"老道长一再强调。

12月26日,原定晚间七点半老道长在正安中医的讲座,六点半时所有的座位都已坐满,原本安静素雅的正安医馆,顿时变得热闹温暖。

参拜了一天白云观的老道长依旧精神矍铄,继续站着跟大家交流。老道长的话题从"正、安"两字开始讲起。这下大家才知道,仅仅一个"正"字,止于一,就包含了许多哲理。

有不少是外地专门赶来,就为了看老道长一眼,听听他说话。在我们这个年代,还有这样一位生活在"古代"的人,太难得。

守 望

# 呼吸之间

2012年5月，春寒料峭，乍暖还寒，师父张至顺道长和小慧师兄再次准备回到终南山八卦顶。我原只想用一年时间跟踪拍摄《南山隐修人》故事，看来还远远不够。

这次先落脚在西安八仙庵。八仙庵始于宋代，在西安长乐坊地段，传说八仙曾经来过，有一块石碑上面还刻有"长安酒肆，吕纯阳先生遇汉钟离先生成道处"。

"我二十岁的时候就到过这里啦。"老道长回想起八十年前的画面说："那时候的道观规模和现在的差不多，但是墙外的田地可是不得了的大。"

八十年，一千年，我看着道观的老石碑，忍不住感慨一声：我们都是过客。

"要是这一两年我的气力还能够往上长的话，你还不一定活得过我呢！"

八仙庵里，老道长捋着他的山羊白胡子，小得意地看着我。这是我听过最有气魄的豪言壮语了，一位百岁老人，居然对自己

守望

有这种信心和跑过时间的勇气。

这当然是我最期待的故事结尾：见证一个不老的传说，记录下老祖宗千年神仙梦想的传奇。当然，这事情不能多想，好好活着，爱惜身体，争取八十岁还能举起摄像机在通往终南山的小路上追赶前面一百四十岁的老爷爷。

"如果吃药能够长寿，当大夫的都死不了啦，药都是大夫配的。"这次徐文兵把妈妈魏天梅医生也带出来了。得知徐妈妈是一位老中医，老道长很开心。

"我要退了，时间不够了，我得照顾我自己了，这几次把自己知道的东西告诉大家，以后公共场合的活动我都不参加了。"老道长抖抖他的白胡子，藏着深意地望着我，"以后可能连你也找不到我啦。"

最近老道长经常提到他要"消失"的话题，不知道什么原因。不过，我是个记录者，记录的就是时间的故事，不管这个时间的结局如何，我只要认认真真、诚诚恳恳地把这一切记下来，如是我闻就好。

守望

# 楼观台

2012年5月,陕西西安。

"关中河山百二,以终南为最胜;终南千峰耸翠,以楼观为最名。"

途经楼观台,同行的中医毛水龙老师,热情洋溢地带我参访这个号为道家七十二福地之首的圣地。楼观台位于秦岭北麓中部陕西省西安市周至县境内,离毛老师的老家仅十几公里。

新修建的楼观台景区真大,几进几出下来,天都快黑了。

终于走到终南山古楼观,那一下,我的心立刻就静下来,呼吸都顺畅了。

传说西周大夫,函谷关令尹喜在此结草为楼,夜观天象,一日见紫气东来,预感将有真人从此经过。果然,老子西游入秦。尹喜迎请老子于草楼观,老子在草楼观著《道德经》五千言,并在草楼观楼南高岗筑台授经,故称"说经台"。

走进古楼观,除了敬拜老子,还有一个目的,就是亲近老道长。

张至顺老道长从八卦顶出山后,曾在楼观台做过五年监院。

守望

当时楼观台也只剩下十多位道长,连道观都被占作他用。

　　溜溜达达着,忽然见到了一位白胡子老道长出门送客。巧了,这不正是楼观台现任当家任法融道长吗?毛水龙老师和任道长老交情了,见面非常高兴。

　　之前我曾和任道长在武夷山有过一面之缘,还同游过大红袍景区。任道长时任中国道教协会会长,是当代著名高道,著作不少,《道德经释义》《太上老君养生十四字诀》《黄帝阴符经·黄石公素书释义》《周易参同契释义》……此外任道长一手好书法,向来是书法圈和道友们心仪的墨宝。

　　听说我正在记录中医、寻访道家,还准备探访终南山,任法融道长非常高兴,用浓重的西北腔说道:"我们道家有太多宝贝了!希望你做的纪录片要真实!"

　　"任道长,可以求一幅字吗?"我是第一次开口跟人求字,希望他为我题写一幅"终南山"。

　　"你做的事很有意义!"老道爷转身进了书房,铺开宣纸,捉笔就写。他还仔仔细细在旁边写了批注:"古终南神秘文化遍全山,自古高仙大圣出没,贤达名流络绎不绝,实乃仙境也!"

　　三十多年前,师父张至顺道长和任法融道长曾一起背靠终南山,守护楼观台。世界就是这么小,故事就是这么巧。

## 白云归来

弹指一挥间，老道长离开已经六年了，好在因为有大量的影像和文字记录，一切都历历在目。在不断地梳理文字和影像资料时，老道长的言传身教，更是如影随形。

2014年6月，师父张至顺道长带着小慧师兄，专程到福州来探望我。啥事没有，他说，你我师徒一场，我必须到你家，来看看你的家人。

一百零三岁的老道长绕着我家、我住的小区走了一圈，甚至拄着拐棍到了小区外缘的闽江边，说是认一下路。

在家里，老道长竟然破天荒敲起鼓来，认认真真的样子，像是一次祝福，又像是一次告别。

2010年，我们在海南玉蟾宫第一次见面，老道长就说你拜我为师吧！他说自己跑到中国最南的地方，就是为了等我这个姓黄的人。

他把自己的一本摘抄文集送给我，端端正正写上了"赠弟子黄理剑"的时候，我还大声提醒他："师父，我叫黄剑，中间没

守望

有一个理字。"

"以后就有啦。"他皱着眉头笑起来，在全真龙门派弟子百字辈里，他是"至"字辈，紧随其后的我，是"理"字辈。

在此后的五年多时间里，我陪伴老道长走过很多地方，在一起的次数不下二十次。就像我拜师的那个夜晚，在祖师爷面前请求的，我做这一切，不想长生不老，不为成仙得道。我只是一个对世界充满热爱的记录者，有无限好奇的摄影师，希望有机会追随老道爷，看见另外一个世界。

我何其有幸！认真陪伴这位活在古代世界里的百岁老人，走过他生命的最后时光，就像一次神奇的穿越之旅。原来这世界上，曾经有过这样一种人，曾经有人这样活着。

有一次在终南山，一位师兄问我：你认识师父这些年来，有没有遇到过什么不一样的经历？看到不一样的事情发生？

这问题很有趣，好多日子开始刷刷地在我眼前快进：海南玉蟾宫、西安八仙庵、江苏茅山乾元观、北京白云观、陕西烽火台、湖北夹河镇、武当山太子坡……

没有，我说真没有。不过呢，我想起来，在老道长走的时候，发生令人震撼、刻骨铭心的一幕。

那天，为师父张至顺道长送葬的队伍开始集结，正准备出殡，奇妙的事发

守望

生了。就在老道长住的那座房子后，忽然有大朵大团的白云，排着队飘出来。

一朵、两朵、一大串，持续了将近半小时，引得在场所有人都欢呼起来。我曾经爬过屋后的山，那里是一片菜地，菜地后面是树林。真不知道这些云是从哪里冒出来的。

仰望蓝天白云，我总觉得有位老道长在上面笑眯眯地望着我。

直到今天，我还是不确定这世上到底有没有神仙，但我觉得，我们还是可以尝试一下，像神仙一样活着。

**图书在版编目(CIP)数据**

守时回光：油麻菜寻访南山隐士 / 黄剑著 . -- 武汉：华中科技大学出版社, 2023.6 (2025.2 重印), ISBN 978-7-5680-9417-7

Ⅰ.①守… Ⅱ.①黄… Ⅲ.①人生哲学－通俗读物 Ⅳ.① B821-49

中国国家版本馆 CIP 数据核字 (2023) 第 078766 号

守时回光：油麻菜寻访南山隐士
Shoushi Huiguang : Youmacai Xunfang Nanshan Yinshi

黄剑 著

| | |
|---|---|
| 出品人： | 朱晓玲 |
| 策划编辑： | 郭善珊 |
| 责任编辑： | 郭善珊 张 丛 |
| 封面设计： | 伊 宁 |
| 责任监印： | 朱 玢 |
| 出版发行： | 华中科技大学出版社（中国·武汉） 电话：(027)81321913 |
| | 武汉市东湖新技术开发区华工科技园 邮编：430223 |
| 录 排： | 伊 宁 |
| 印 刷： | 文畅阁印刷有限公司 |
| 开 本： | 710mm×1000mm 1/16 |
| 印 张： | 16.25 |
| 字 数： | 159 千字 |
| 版 次： | 2025 年 2 月第 1 版第 4 次印刷 |
| 定 价： | 118.00 元 |

本书若有印装质量问题，请向出版社营销中心调换
全国免费服务热线：400-6679-118 竭诚为您服务
版权所有 侵权必究